朝日新書
Asahi Shinsho 996

動的平衡は利他に通じる

福岡伸一

朝日新聞出版

本書は2015年12月3日から2020年3月19日に「朝日新聞」で連載された、「福岡伸一の動的平衡」を改題し書籍化した2022年3月刊行の『ゆく川の流れは、動的平衡』に新規原稿を追加し改題した新書版です。本文は原則として新聞連載当時のままで、適宜加筆修正を行っています。

新書化にあたって

単行本刊行時のタイトル『ゆく川の流れは、動的平衡』を、今回の新書化にあたって『動的平衡は利他に通じる』にアップデートすることとした。ここ数年来、私の問題意識がそのように移り変わってきたからである。

動的平衡は、私の生命論のキーワードである。生命とは何か？　この問いに対して、細胞からなるもの、DNAを持つもの、呼吸しているもの、代謝しているもの、増殖するもの……というふうな形で答えを得ようとすると、いつまでたっても生命の周りを回るだけで、生命の本質に到達することができない。それは生命の特性を、生命の外部から列記しているだけだからだ。生命の本質に到達するためには、生命の外部からではなく、生命の内部から生命のあり方を捉える必要がある。そう考えて思考を深めていった結果、行き着いたのが動的平衡である。

かつてフランスの哲学者アンリ・ベルクソンも、生命の本質を理解しようとして、その内部から生命を記述することを試みた。その結果、彼が得た答えは「生命には、物質が下る坂を登ろうとする努力がある」というものだった。生命の本質は〝努力〟である。細胞からなるのも、DNAを持つのも、呼吸しているのも、代謝しているのも、増殖するのも、無生物的な物質であれば、そのまま転がり落ちてしまう坂を、生命だけが登り返そうとする〝努力〟だと見抜いたのである。

では、坂を登ろうとする努力とは一体何か。100年以上も前に生きたベルクソンには、まだ十分な言葉の解像度がなかったのは仕方がない。しかし彼の哲学は生命の本質をついていた。彼の言葉を現代的な科学用語で言い直せば次のようになる。「生命は、エントロピー（乱雑さ）増大の法則にあらがっている」

物質（非生命体）は、宇宙の大原則であるエントロピー増大の法則に身を任せざるを得ない。秩序あるものは無秩序になる方向にしか変化しない。形あるものは崩れ、濃度が高いものは拡散し、高温のものは冷え、金属はさびる。建造物も長い年月のうちに傷み壊れゆくし、整理整頓しておいた机や部屋も散らかっていく。これはすべてエントロピーが増大する方向にしか物事は変化しないという法則の必然的な帰結である。エントロピーが増大する方向が、確率的・熱力学的に起こるべき方向だからだ。これが物質の下る〝坂〟である。

ところが生命だけは、この法則にあらがっている。なんとか〝坂〟を登り返そうとしている。無秩序になることに抵抗して秩序を作り出し、形のないところに形を作ろうとし、部分的に濃度の高い場所を生み出し、熱を産生する。酸化に抵抗して還元を行う。つまり、宇宙の大原則であるエントロピー増大の法則に抵抗を試みている。崩れることがわかっているのに石を積むことを諦めないギリシャ神話の英雄シーシュポスのように、あてどのない営みにあえて挑戦している。これが生命の〝努力〟なのである。

では、一体、生命はどのようにして、宇宙の大原則にあらがうことができるのだろうか。私は考察を進めた。このとき頭の中に浮かんできたことは近年の生命科学の大きな進展だった。20世紀、ミクロなレベルで生命を分析する分子生物学は画期的な進歩を遂げた。DNA二重らせん構造の発見、その複製機構や転写翻訳機構の解明。つまり、生命科学は、いかにして生命が作られているかを詳細に究明し、大いなる成果を挙げた。ところが、21世紀になると、生命の持つ別の側面がクローズアップされてきた。それは、生命が、作ること以上に、壊すことを、一生懸命に、何通りもの方法で、休みなく行っているという事実だった。細胞内には、プロテアソームやオートファジーと呼ばれる分解システムが発見された。ここでは休みなくたんぱく質や細胞内の構造体が壊されている。古くなったから、使えなくなったから壊すのではない。できたてほやほやでも、休みなく、率先して分解を続ける。細胞自身もアポトーシスという自殺プログラムによって躊躇《ちゅうちょ》なく自壊し、交換されていっている。作る方法は、DNA－RNA－たんぱく質、という一通りの方法だけしかないのに、壊す方法は、何重にも準備され、積極的に破壊が進行している。

私はここに〝努力〟の秘密があるとわかった。

生命は、エントロピー増大の法則を「先回り」して、あえて自ら積極的に破壊を行っている。そのことでエントロピー増大の法則の進行を一瞬、追い越しているのだ。この局所的な追い越し分を使って、新たな秩序を構築している。つまりエントロピー増大の法則のスキをついて、〝坂〟を登り返している。

秩序はそれが守られるためにまず壊される。システムは、変わらないために変わり続ける。生命のこの営み、分解と合成という相反することを同時に行い、しかも分解を「先回り」して行うこと、これを「動的平衡」と呼ぶことにした。流れの中にあって絶えず動きつつ、危ういバランスを保つこと。動的平衡は、新陳代謝ではない。新陳代謝は、古いものが捨てられ、新しいものが作られるということだが、動的平衡は、新しいものでも積極的に壊すことに意味があるとする概念。こうして生命は、物質が下る〝坂〟を、――引きずり落とされながらも――、何度も何度も登り返す。これが生きていることの本質であり、ベルクソンのいうところの〝努力〟なのである。

中世の随筆家、鴨長明《かものちょうめい》は、戦乱に荒れ果てた都と出世の夢に絶望し、隠遁《いんとん》生活を選んで『方丈記』を書いた。その冒頭は、有名な次の一節である。

ゆく河の流れは絶えずして、しかももとの水にあらず。よどみに浮かぶうたかたは、かつ消えかつ結びて久しくとどまりたるためしなし。

これは彼の当時の世情に対する諦観《ていかん》であるが、これほど見事に動的平衡の生命論を歌い上げた一文もない。生命はまさに流れに浮かぶうたかたである。特に優れているところは、かつ消えかつ結びて、というところ。分解を合成に先んじて詠んでいることである。分解を「先回り」することによって流れにあらがうこと、まさに動的平衡そのものである。

それゆえに、私は本書の単行本刊行にあたって、動的平衡をめぐる私のエッセイ集に『ゆく川の流れは、動的平衡』というタイトルをつけた。しかし、その後、これでは生命の流れをすべて言いきったことにはならない、と感じるようになった。つまり動的平衡の流れには行く末がある。
おりしも、私は、大阪・関西万博（EXPO2025）のテーマ事業プロデューサーを任されることになり「いのち動的平衡館」を建設することになった。万博のテーマは「いのち輝く未来社会のデザイン」である。私たちのいのちはどこから来て、どこへ行くのか。私のパビリオンでは「いのち」が太古から途切れなく続く動的平衡の流れであり、私たちの生命もその流れに連なるものであることを体感できる展示の設計を進めた。すると必然的に、私たちの「いのち」はどこへ行くのか、という動的平衡の流れの行く末を示さなければならない。

それは本書の序文および最初のエッセイにあるとおり、生命の利他性ということに帰着する。私たちの「いのち」は、栄養素や酸素など微粒子の流れとして他の生命体から手渡された集合体が、一瞬、エントロピー増大の法則にあらがう動的平衡として立ち上がることによって成立する。そして私のいのちを形作る微粒子は、生きている最中も呼気や排泄物《はいせつぶつ》の形で、そして「あらがい」が最後にはエントロピー増大の法則に負けたあと、つまり死後も――、死骸の有機物として、絶えず環境の中に戻される。生命を形作る生体物質は、たんぱく質にせよ、ＤＮＡにせよ、あらかじめ分解されることを予定して作られている。そして分解されたあと、他の生命体によって再利用されることが予定されて作られている。たんぱく質を構成するアミノ酸はまた他の生命体に手渡されて新たなたんぱく質になり、ＤＮＡを構成するヌクレオチドもそうである。栄養素（有機物）の燃焼産物である二酸化炭素と水も植物によってもう一度有機物に作り変えられる。生命の基本原理は、絶えず他者に何かを手渡し続けること、ストックではなくフローをし続けることによって支えられている。他者のエントロピー排出を、もういちど秩序あるものに作り返すことによって成り立っている。これは利他性、あるいは相補性といってよい互恵的な関係性である。つまり動的平衡は利他性によって支えられている。進化の過程においても、たとえば細胞が複雑化したこと――原核細胞が、ミトコンドリアや葉緑体を有した真核細胞にジャンプしたこと――には、生物体相互の共生協力が働いている。多細胞生物の出現、オスとメスの出現もまた分担や相互補完による利他性の現れによる。進化は決して利己的遺伝子の独壇場ではなく、利他的共生が織りなしたものなのである。このような考察をエッセイのかたちでまとめ上げたものが本書である。そこで、新書化にあたっては、それにふさわしいタイトルをつけることにした。

序文

本書の最初の項に紹介する18世紀のドイツの詩人フリードリッヒ・フォン・シラーの言葉の全文を（ここはスペースがあるので）あらかじめ引いておこう。(日本語訳は縦書き、原文は横書き)

樹木は成育することのない
Der Baum treibt unzählige Keime,

無数の芽を生み、
die unentwickelt verderben, und

根をはり、枝や葉を拡げて

streckt weit mehr Wurzeln, Zweige und Blätter

個体と種の保存にはありあまるほどの
nach Nahrung aus, als zu Erhaltung seines Individuums

養分を吸収する。
und seiner Gattung verwendet werden.

樹木は、この溢《あふ》れんばかりの過剰を
Was er von seiner verschwenderischen Fülle

使うことも、享受することもなく自然に還《かえ》すが、

ungebraucht und ungenossen dem Elementarreich zurückgiebt,

動物はこの溢れる養分を、自由で
das darf das Lebendige in fröhlicher

嬉々《きき》とした自らの運動に使用する。
Bewegung verschwelgen. So giebt uns die Natur

このように自然は、その初源から生命の
schon in ihrem materiellen Reich ein

無限の展開にむけての序曲を奏でている。

Vorspiel des Unbegrenzten und hebt
物質としての束縛を少しずつ断ちきり
hier schon zum Teil die Fesseln auf, deren sie sich
やがて自らの姿を自由に変えていくのである。
im Reich der Form ganz und gar entledigt.

出典：「The Boundaries of the Limitless」（ジョセフ・コスース）
※みなとみらい駅クイーンズスクエア横浜に展示された同氏のパブリック・アートに記された文より引用

シラーが、デンマーク王子アウグステンブルク公にあてた『人間の美的教育について』という手紙の一部である。

詩人が書いたものだから、手紙というよりも、ひとつの詩だと思われる。生命が利己的ではなく、利他的であること、そして生命が本来的に自由であることを謳《うた》った詩。先人の洞察力というものに限りない感銘を受ける。私が言いたいことはすべてこの詩にすでに含まれているといってもいい。

私の生命論のキーワードは、本書のタイトルにもある「動的平衡」である。生命は絶えず自らを壊しつつ、自らを作り変えることによって、なんとか時の試練にあらがっている。もう少し正確に言えば、エントロピー（乱雑さ）増大の法則に抵抗して、なんとか生命という秩序を守ろうとしている。

しかし生命は、エントロピー増大の法則に打ち勝つことはできず、最後にはたおされてしまう。それが老化ということであり、生命の有限性ということである。そして生命は有限であるからこそ生きる意味があり、ひととき輝けるものでもある。

生命の動的平衡と利他性には密接なつながりがある。

生命は環境から絶えず物質を取り入れている。植物は炭酸同化作用という形で、動物は他の生物を食らうという形で。それと同時に生命は環境に絶えず物質を供給している。呼吸や排泄《はいせつ》、あるいは食べられるという形で。手渡されつつ、手渡す。これは利他性に他ならない。手渡されつつ、一瞬、自らの生命をともし、また他者に手渡す行為、すべての生命はこの流れの中にある。これが動的平衡である。

＊

先日、何気なく昔の『ゴルゴ13』を読み返していたら、こんな印象的な一シーンに出くわした。「すべて人民のもの」というロシア・ロマノフ王朝の末裔《まつえい》をめぐる壮大なストーリー。その中に、シベリアの荒野で逃避行を続ける父子が登場する。父子は、ゴルゴ13の謎めいた出自を示唆する重要な役柄なのだが、それはさておき、父は厳しく少年に生き抜く術を授ける。ある日、少年は、川で銛《もり》を手に魚を突くよう命じられる。が、少年は生命を殺めることに逡巡《しゅんじゅん》する。

父「なぜ突かん?……。家族と村人たちの貴重な食料なのだぞ………」
少年「…………」
父「麦や菜ならいいのか?………麦や菜も生きているのだ!」
少年「…………」(泣きべそをかく)
父「そうだ……生きるという事は罪深いものなのだ……」「生きとし生けるものは……すべて大いなる流れの一部なのだ……」

覚悟を決めた少年は、猟銃で鹿を撃つことにも躊躇《ちゅうちょ》しなくなる。

＊

本書は、2015年12月から、2020年3月まで、毎週一回、朝日新聞に寄稿した文章からなっている。
この間、日本は、絶えず地震や洪水に見舞われ、さまざまな時事が慌ただしく通りすぎていった。そして最後には新型コロナウイルスのパンデミックがやってきた。アメリカではトランプ政権が誕生し、混乱に満ちた終焉《しゅうえん》を迎えようとしていた。そんな中、折々に、見上げた空、触れた風、ふと思い出した匂いなどをもとに考えたこと・気づいたことを言葉にしてみた。その通奏低音にはいつも動的平衡の流れと利他性への思いがあった。

ひとつひとつはごく短いエッセイである。短いがゆえに、それは論考というよりもちょっとした感慨であり、叙述というよりもスケッチに近い。あるいは、どちらかといえば詩や短歌に近いものかもしれない（詩や短歌ほど整った言葉でもないけれど）。そんな言の葉が、読者に、何らかの気づきや共感を、わずかでももたらすことができれば幸いである。時系列に並べてあるが、どこから読んでいただいてもかまわない。

発生から約2年が経過したが、依然としてコロナ禍の収束は見えてこない。いったんは減少傾向にあった感染者数は、変異株の出現とともに、再び世界的な増加傾向にある。一体、今後はどうなるのだろうか。

ウイルスは宿主さえあれば感染を拡大し、次々と変異を繰り返す。明らかなことは、ウイルスを完全に撲滅したり、駆逐することはできない、変異株の出現を止めることもできないということである。そのうち従来のワクチンが効かない変異株が出現することも間違いない。自然は、押せば押し返し、沈めようとすれば浮かび上がってくる。

だから、変異株の出現のたびに過剰反応するのではなく、結局のところ、ウイルスとの動的平衡をさぐるしかない。ウイルスも自然の環《わ》のひとつとして、宿主に激しいダメージを与えるよりも、できるだけ安定した状態で共存できる方向へ動く。つまり必然的に弱毒化し、致死率の低いものへと変化していくはずだ。宿主である人間の側も変化する。感染者の拡大とともに集団免疫が広がり、ワクチンも普及していく。製薬会社は変異株に対応したワクチンを開発し続けるだろうし、ウイルスの増殖を防ぐ（インフルエンザのタミフルのような）治療薬も次々と開発されるだろう。もし運悪く感染しても、重症化を防ぐ医療がすぐに受けられるような体制を整備する。これが、人間がウイルスに対してできる精一杯のことだ。あとは個々人が感染対策を心がけ、自分の免疫力を信じること。そうすればやがてコロナも〝新型〟ではなく〝普通〟の常在ウイルスになる日がくる。それがウイルスとの動的平衡が成立する時だ。このエッセイの最後にも触れたが、祇園精舎《ぎおんしょうじゃ》（これは京都の祇園のことではなく、インド奥地の僧院）の鐘の声に、耳を澄ませるしかない。

目次

3 「記憶にない」ことこそ記憶 2017.2.23 …… 2017.9.21

4 追い立てるのではなく　2017.9.28 …… 2018.5.31

6 やがては流れ流れて 2019.1.10……2020.3.19

1

生命の惜しみない利他性

2015.12.3 ……… 2016.7.7

生命の惜しみない利他性

横浜のみなとみらい駅で降りて、長いエスカレーターを昇っていく。すると黒い大きな壁一面に端正な碑文《ひもん》が刻まれている。独語の詩とその和訳。これはいったい何だろう。

「樹木は、この溢《あふ》れんばかりの過剰を　使うことも、享受することもなく自然に還《かえ》す」とある。

過剰。はっとする。そのとおりだ。もし植物が、利己的に振る舞い、自分の生存に必要最低限の光合成しか行わなかったら、我ら地球の生命にこうした多様性は生まれ得なかった。

碑文はこう続く。「動物はこの溢れる養分を、自由で　嬉々《きき》とした自らの運動に使用する」。これは18世紀のドイツの詩人フリードリッヒ・フォン・シラーの言葉。

一次生産者としての植物が、太陽のエネルギーを過剰なまでに固定し、惜しみなく虫や鳥に与え、水と土を豊かにしてくれたからこそ今の私たちがある。生命の循環の核心をここまで過不足なく捉えた言葉を私は知らない。生命は利己的ではなく、本質的に利他的なのだ。その利他性を絶えず他の生命に手渡すことで、私たちは地球の上に共存している。動的平衡とは、この営みを指す言葉である。

この壁面自体は、シラーの言葉を引用した米国の現代アート作家ジョセフ・コスースの作品。ほとんどの人が目もくれず急ぎ足で通り過ぎるなか、しばしこのモノリスを前に言葉のない祈りを祈った。

分解と更新は絶え間なく

あるシンポジウムに参加したときのこと。企業トップが登壇し高らかに宣言した。「これから一番重要なのはサステナビリティーである」と。日本語では持続可能性と訳されるこの言葉、お偉方にご託宣いただくまでもなく、最も熱心にサステナビリティーを追求しているのは誰あろう私である。いや、より正確に言えば私という生命体だ。

生命に降り注ぐ矢がある。それは細胞膜の酸化、老廃物の蓄積、たんぱく質の変性、遺伝子の変異などをもたらす。放置すれば生命という秩序は崩壊する。

持続可能性と聞くと、丈夫で長持ち、堅牢で強固なイメージだが、生命ははなからそんな選択を諦めた。そうではなく、むしろ自分をゆるゆる・やわやわに作った。そして常に、分解し、壊すことで矢を抜くという方法をとった。その上で自らを作りなおす。こうして38億年の持続を可能とした。

たとえば、うんち。うんちは食べかすが排泄《はいせつ》されているように見えるが、その主成分は自分自身の消化管の細胞の残骸である。それが日々捨てられている。その代わり新しい細胞が日々新生される。この絶え間のない分解と更新の流れを私は「動的平衡」と呼ぶ。これが生命の定義であり、生きていることの本質である。水を流す前の一瞬、昨日までの私が宇宙の中に溶け出していく姿に、いま一度、別れを告げよう。

失ってこそ得られるもの

風呂場椅子独り占め。これはヒトが自分の体内で合成できない必須アミノ酸9種類、フェニルアラニン、ロイシン、バリン……を丸暗記するための語呂合わせ。生物学の基本知識である。ヒトよりもずっと昔から地球上に存在する微生物あるいは植物はどんなアミノ酸でもほぼ自前で合成できる。なぜ、ヒトを含む動物は大事なアミノ酸の合成能力を失ってしまったのか。

学生の頃、教師に質問してみた。彼は事もなげに言った。「それは豊富な食物から取れるようになったからだよ」。納得できなかった。不要な能力となっても勝手に失われることはない。失うことが、生存により有利に働かない限りは。その後ずっとこの問題を考え続けた。あるアイデアが閃《ひらめ》いた。太古の昔、突然変異によってアミノ酸の合成能力を失った微生物あるいは植物が現れた。

致命的である。しかし致命的であるがゆえに、わずかでも自ら動く能力がことさら選抜された。失うことによって、より大きな力を得たのだ。動くことができれば食物の探査、捕食者からの逃走、新しいニッチの発見が積極的にできる。「動物」の誕生である。つまり、必須アミノ酸の必須性こそが動物を動物たらしめた。欠損や障害はマイナスではない。それは本質的に動的な生命にとって、常に新しい可能性の扉を開く原動力になる。

完璧な対にこそ美しさ

巨乳に惹《ひ》かれる男は多い。なぜ？　この疑問を生物学的に解こうとすると行き着く先は必ず進化の物語になる。それが生き残る上で有利だったから、と。しかしこの手の話は物語の常としてすべて後づけの説明となる。だから眉つばで聞かないといけない。

もっとも有名な珍説はデズモンド・モリスが言いだした「おしりの擬態」説。背面交尾がもっぱらだった哺乳動物。おしりのかわりに大きな乳房を持った女に惹かれた男によって対面交配が促され、男女のきずなが深まった。ほんとう？　ゴリラやボノボだって対面でする。胸なんてぺちゃんこなのに。「授乳シグナル」説。巨乳は出産後の授乳能力のあかし。子育ての保証にこれが好まれた。いえいえ。乳房は脂肪の塊ではあるが母乳の直接の原料とはならない。

私の仮説はこうだ。ヒトは対称性に美を感じる。チョウの翅《はね》。鹿の大角。ワシの翼。対称性を作るためには精妙な生命のプロセスが必須だ。かくして完全な対には、創造の完成度と無謬《むびゅう》性が現れる。つまり完璧な対こそは健康と豊穣《ほうじょう》の象徴なのだ。乳房は双丘であることにこそ意味があり、美の起源とは、生命にとってよきものが美しく見えたことにはじまる……。

あっ、反論が聞こえてきた。マリリン・モンローが美しいのは対称性を乱すあのホクロがよかったのでは？

制限が生む協調性

どうして手首は３６０度ぐるりと回すことができないのだろう。勅使川原三郎《てしがわらさぶろう》は私に問うでもなくそう独り言《ご》ちた。いうまでもなく勅使川原は現代ダンスの鬼才。バロックの曲に合わせて暗がりの中で踊る彼の指やつま先のなめらかな軌跡は、そこだけ光を宿した鮮やかな残像となって空間に漂い、しばらくのあいだ消えない。

もし手首を３６０度ぐるりと回すことができたなら、私のからだはその瞬間、ピコピコ音をたてて動くロボットに見えるはずだ。ひじは一定の角度以上には開かないし、ひざも反対側には曲がらない。なぜ身体に、いちいち制限が設けられているのか。その理由を考えていくと、人間とロボットの違い、つまり生物と機械の違いに行きつく。

手首がその制限を超えて、より外側に回転を求めようとすれば、私の腕は自然にねじれ、肩が開かれ、腰は傾く。つまり制限があるゆえに、身体の他の部分の協調的な動きが促される。

生物学には相補性というすてきな言葉がある。互いに他を補いながら、互いに他を律する。各パーツの制限は、パーツ相互の連動のためにある。いや、パーツといういい方は間違っている。身体に部分はない。全体としてひとつのものだ。

勅使川原三郎の優雅な舞はそのことの最も端的な謳歌《おうか》である。不自由さは自由のためにこそある。

音楽と生命のリズム

冬の夜長。バッハのプレリュードを薄い音で聴く。私の想《おも》いは時間をさまよい、過去のささいな棘《とげ》にひっかかり、やがてとりとめのない夢へと拡散する。いつの間にか曲は終わり、静けさがあたりを包んでいる。でも何かがまだ聞こえているような気がした。

ふと考える。音楽の起源とは一体何だろう。虫のさんざめき、谷をわたる鳥の歌。多くの研究者は、生物たちの求愛コミュニケーションにその出発点を求める。確かに音楽は自然界にあふれている。でも、より内発的な起源があるのではないか。

音楽に満たされた世界がもうひとつある。呼気と吸気。血管の拍動。筋肉の収縮。神経のインパルス。セックスの律動。そう、我らのうちなる自然。そこにはリズムが横溢《おういつ》している。しかし、しばしば私たちはそのことを失念している。つまり自分が生きていることを忘れている。音楽の中には確かな起伏があり、脈動があり、循環がある。それは生命のリズムと完全にシンクロしている。バッハを聴き終えたあと聞こえてきたものはその残響だったのだ。

音楽は、私たちに、自らの生命の実在を再確認させるために生み出された。つまり、音楽とは人間が自らの外部に作った、生命のリズムのレファレンスなのだ。音楽は文字通り、生命のメトロノームなのである。

旨いも辛いも、かみ分ける

気温が高いのもホット、コーヒーが熱いのもホット、タバスコが辛いのもホット。英語はなんて雑な言葉なんだろう。さて、基本五味というものがある。甘味《あまみ》、塩味、酸味、苦味《にがみ》、旨味《うまみ》。ここに辛味《からみ》はない。その理由を明かすまえに、味覚をめぐるある蒙味《もうまい》について触れておきたい。

西洋世界は長い間、旨味という存在に気づかなかった。あまいか、しょっぱいか。すっぱいか、にがいか。それしか感じなかった。トマトがなぜソースになり、鶏ガラからどうして出汁《だし》がとれるのか認識できなかった。

トマトのゼリー部分、あるいは鶏ガラには大量のグルタミン酸が含まれている。たんぱく質の主要な構成成分である。生命の存続にとって必須の栄養素のありかを探り当てるため、これを「旨い」と感じる生物が生き残った。舌の上に、甘、塩、酸、苦と対等に、グルタミン酸に対しても特異的な受容体（レセプター）が存在していることが明らかになってはじめて、旨味は基本五味の仲間入りを果たした。和食の国、日本人にとってはあまりにも自明のことであったのに。

一方、辛味成分カプサイシンの受容体も発見された。なんとそれは温度を感知するのと同じものだった。辛さは味ではなく熱感。辛いと熱いが同じホットなのはそれなりに一理あったのだ。雑だなんて言ってゴメンね。

トカゲを振り向かせる方法

動物園の片隅、爬虫類《はちゅうるい》のコーナーに行く。大きなトカゲがじっとしている。微動だにしない。こんなトカゲを振り向かせる方法、知ってます？　ガラスをどんどん叩《たた》いてもだめ。トカゲの目の前に手をかざしておいて、急にぱっと引っ込める。すると彼はキッと首を立てる。なぜなら生物にとっての「情報」とは消えることだから。

私たちは本やネットが情報だと思っている。でもそれは単なる記録（アーカイブ）。秋になると森にキノコが生えるのはなぜ？　地中の菌糸は暖かい気温が消えたことを感知して、冬の到来を予感し、子孫を拡散するために傘を開く。夜の生き物は視野から星の光が消えることで、上空の敵の襲来に気づく。

あったものがなくなる。なかったものが現れる。動きこそが生命にとって本来の情報である。それによって環境の変化を察知し身構える。情報は常に行為を引き起こすものとしてある。だから同じ匂い、音、味が続いたらそれはもう情報ではない。私たちは自分の唾液《だえき》を塩《しょ》っぱいとは感じない（が、キスの味はわかる！）。新しい情報の創出のためには、環境が絶えず更新され、上書きされなければならない。そうでないと変化が見えない。

ネット社会の不幸は、消えないこと。小さな棘がいつまでも残る。情報は消えてこそ情報となる。

哀れ、男という「現象」

ボーヴォワールは「人は女に生まれるのではない、女になるのだ」と言ったが、生物学的には「ヒトは男に生まれるのではない、男になるのだ」と言う方が正しい。

生命の基本形は女性である。そもそも38億年にわたる生命進化のうち、最初の10億年は女だけでこと足りた。男は必要なかった。誰の手も借りず女は女を産めた。その縦糸だけで生命は立派に紡がれてきた。でも女は欲張りだった。自分のものは自分のもの。他人の美しさもほしい。かくして縦糸と縦糸をつなぐ横糸が生み出された。遺伝子の運び屋としての〝男〟。単なる使いっ走りでよいので、女を作りかえて男にした。要らないものを取り、ちょいちょいと手を加えた急造品。たとえば男性の機微な場所にある筋《すじ》（俗に蟻《あり》の門渡《とわた》りなどと呼ばれる）は、その時の縫い跡である。

コンピューターをカスタマイズしすぎるとフリーズしたり、故障したりしやすくなる。それと同様、基本仕様を逸脱したもの＝男、は壊れやすい。威張ってはいるが実は脆《もろ》い。病気になりやすいし、ストレスにも弱い。寿命も短い。その証拠に、人口統計を見ると、男性に比べ圧倒的に女性が多い死因は「老衰」だけである。つまり大半の男は天寿を全うする前に息絶える。哀れなり。敬愛する多田富雄はこう言っていた。女は存在、男は現象。

「DNAとは」では伝わらぬ科学

「文章がとてもお上手ですね」と言われることがある。自分の文章がうまいのかそうでないかは自分ではよくわからない。でも、できるだけ伝わるよう、理解されやすいように心がけていることがひとつある。

なるべく「とはもの」を使わないようにする、ということ。DNAとは？　この言い回しで始まる説明が、〝とは〟もの。たぶんマスコミの業界用語だ。「とはもの」で始めた時、語り手は、そのことを熟知した者として、不可避的に上から目線となり、啓蒙《けいもう》的な口調になる。

ところで私の趣味はスキー。大人になってから始めたので苦労続き。スキー場では、インストラクターが華麗なお手本を見せた後、私がよろよろ滑っていくと、彼はため息交じりに「なんでこんな簡単なことが伝わらないのかな」という顔をする。私は心の中で思う。それはあなたがどのように上達したのか、そのプロセスをすっかり忘れてしまっているからです。

科学も同じ。〝とは〟の前にある術語や概念に、人間が到達したプロセスこそが、時間軸に沿って丁寧に語られなければならない。DNAの属性を説明するのではなく、細胞の中に見つかった酸性の糸の役割と構造が解かれていく、その切実な道程が跡づけられたとき、初めて科学は皆のものになる。

つまり科学の最終的な出口は言葉なのだ。

「壊すこと」の意義

作ることと壊すこと。どちらが重要か。20世紀、生物学者は、細胞内でたんぱく質が作られる方法を追究し、DNA情報が伝達される精妙なプロセスを発見した。ところが21世紀の今、生物学者が注目しているのは、意外にも、細胞内でいかにたんぱく質が壊されるかの方である。

故障したり、不要になったりしたものが壊されるのではない。できたてほやほやの新品でも、まだまだ使えるものでも惜しみなくどんどん壊されている。しかも壊し方・壊す場所は何通りも用意されていた。細胞は作ること以上に、壊すこと・捨てることに一生懸命なのだ。どんなときでも壊すことだけはやめない。なぜか。

高速道路のトンネル内のランプ。高価であるにもかかわらず、寿命が来る前に絶えず新品に交換されているという。トンネル内をいつも一定の明るさに保って、事故をふせぐためだ。万物は流転する。消耗し、風化し、錆《さ》び、ダメになる。エントロピー増大の法則。

それに先回りし、自ら壊すことによって、細胞は内部に無秩序が広がることを回避している。絶えず前もって故障の芽を摘んでいる。つまり生命は壊すことによって時間を作りだしている。変わらないために、変わり続ける。壊すことは作ることよりも実は創造的なのである。

受け継がれる生命の「記憶」

去年末、知人に赤ちゃんが生まれたと聞き、お祝いに、私の趣味の蒐集《しゅうしゅう》品の中から小型のアンモナイト化石を贈った。その子が「〝お食い初め《ぞ》〟の日を迎えたので、化石を箸置きにつかいました」と便りと写真が届いた。渦巻きの上に、塗りのお箸がちょこんと揃《そろ》えられていた。いつか化石が美しいと感じられるような子どもに育ってほしい、と書き添えてあった。

化石って、多くの人は大昔の貝とか骨がただ固まったものだと思っているが実は違う。貝や骨が、海の底のやわらかな砂地に埋もれる。砂地は堆積《たいせき》し圧力で徐々に硬い岩にかわる。海底はやがて地表に出る。封じ込められていた貝や骨は、まわりの岩に比べると脆いので徐々に壊れていく。そこに別の鉱物がゆっくり入り込んでくる。その結果、貝や骨のかたちをした空隙《くうげき》は、まわりの岩とは異なった鉱物で充塡《じゅうてん》されていく。それが化石だ。

だから化石は遺骸そのものではなく、かつてそこにあった生命の「記憶」なのだ。そのかたちと影が、長い年月をかけて鉱物にうつしとられた。ちょうど土で作られた鋳型《いがた》に、溶かした金属が流し込まれて鋳物になるように。つまり化石には時間そのものが注がれ、固く凝縮されている。アンモナイトなら優に一億年。いやそれ以上。息子くんがもう少し大きくなったら、また話してあげてね。

「隙間」見つけた蝶たち

世界中で愛されているエリック・カールの絵本『はらぺこあおむし』。日曜日の朝に生まれたあおむしは、おなかがぺこぺこ。りんご、なし、いちご、手当たり次第むしゃむしゃ。あんまり食べ過ぎておなかをこわしてしまう。けれどなんとか蛹《さなぎ》になって、最後はみごとな蝶に姿をかえる。

でもちょっとだけ言わせてください。カールさんは、蝶の生活をほんとに見たことありますか？ 一度でもあおむしを実際に育てた人ならご存じのとおり、あおむしはあんなにいろんなものを貪《むさぼ》ったりしない。もっとずっと禁欲的。アゲハチョウならミカンかサンショウの葉、キアゲハならパセリかニンジン、ジャコウアゲハならウマノスズクサという変わった雑草しか食べない。どんなにはらぺこでも、絶対に他の葉っぱを食べようとしない。栄養素的にみれば、どの葉っぱを食べても同じはずなのに。なぜ？

それは限られた資源をめぐって無益な争いがおきないように、長い年月をかけてそれぞれの種が互いに譲り合い、自然界の中に自分の生きるべき小さな隙間を見出《みいだ》したから。その隙間をニッチという。私はこれだけをよすがに生きていきます。控えめな控えめな独立宣言。

もちろん、あの絵本が、人間の戯画であり、かなうことのない変身への希《のぞ》みだということもわかっています、カールさん。

名づけたものだけが見える

学校に入ってきたばかりの新入生に顕微鏡を覗《のぞ》かせ細胞を観察させる。「見えたものをスケッチしてみて」。出来上がったものはといえば……まるで幼い子どもの落書きのような、切れ切れの線からなる、おぼつかない雲のような絵である。

実は、普通の細胞に色はない。そこに見えるのは水に漬かった寒天のように、わずかだけ屈折率が違う、透明で朧《おぼろ》げな立体でしかない。だから科学者は特別な染色液を駆使して、輪郭や境界線を強調する。金属粒子で黒い影をつけることさえある。そのような処理を施したあとでも、レンズの先に見えるのは、いりくんだ襞《ひだ》や無数の粒が散らばった不定形の模様でしかない。

学生たちに一年間、みっちり細胞生物学の基礎を教える。核は二重の膜からなる球体で、折りたたまれたDNAが充填されている。ミトコンドリアは呼吸を行い、小胞体は分泌蛋白《たんぱく》を生産する装置で……。

次の春、もう一度、細胞を観察してもらう。するとどうだろう。学生はくっきりと細胞膜をつなげ、はっきり細胞内小器官を描き出せるようになっている。なぜなら名づけたものだけが見えるようになるから。一方、ここに危うい陥穽《かんせい》が生まれる。名づけられたものは、ほんの一瞬、見えるような気がする。かそけき万能細胞の幻光は、そのようなものとして始まったのかもしれない。

文系・理系、振り分ける前に

数学や物理の得手不得手くらいのことで、高校生の前途を、それもかなり早い段階で、君は文系、あなたは理系と振り分けてしまうことはとてももったいない。というのも、大学で教えていると、文系の学生の中に時としてキラリとした理系センスの持ち主に出会うことがあるからだ。逆のケースもまた真なり。

理系的なセンスとは一体何か？　それはじっと目を凝らし、あるいはそっと耳を澄ませて、自然の中からかすかなメッセージを受けとる能力。あるいは宇宙にひそむ秩序を美しいと感じる気持ち。素数はかぎりなく素敵《すてき》だし、二重らせんは奇跡的なまでに優美だ。

他方、理系の思考にも、文系的なセンスが求められることがある。理系からみれば、超常現象やオカルトは一ミリの余地もなく言下に否定されるべきである。しかし、人々がしばしばＵＦＯを目撃するようになったのは、米ソの冷戦が始まって以降のことなのだ。オカルトは研究の対象にならないが、オカルトを志向する傾向には社会的な文脈がある。どんなときもヒューマン・ネイチャーに想像力をはせることができるのが文系的センス。

つまり文系・理系を言う前に、人はまずナチュラリストであるべきだということ。そして異なる分野をいつでも自由に往還できる通路を教育の場に作ること。それが大切だと思う。

彼女は男の秘密に気づいた

夜が彼女の時間だった。昼間はこの女子大で補助教員の雑務。40を過ぎてようやくこの職を手に入れた。学生たちはきっと彼女のことを掃除のおばさんと思っていたことだろう。

部屋の一隅で顕微鏡を覗く。チャイロコメノゴミムシダマシ。黒い小さな昆虫で、幼虫は小麦粉を食べて育つ。なけなしの研究費でまかなえるささやかな実験材料。こんな小さな虫にも雄と雌があり、交尾をして子どもをつくる。

彼女は染色体に着目した。どうやら性の決定に関与しているらしい。細胞を薄くスライスして染色体の粒々の数を調べる。ちょうどスイカを順にそぎ切りにして、いちいち種の数を数えるような、根気のいる作業（頭の中で3次元的にスイカを再構成する必要がある！）。

どの卵子も必ず10個の粒を持つ。ところが精子は2通り。10個の粒を持つ精子と9個の粒を持つ精子。いやちがう。9個の粒を持つ精子には、もうひとつ小さな破片がある。この精子が卵子と結合したとき雄が生まれる。破片は今日、私たちがY染色体と呼んでいるものだった。

雄の小さなプライドと、実は、雄が雌に比べて〝足りない〟という事実を最初に発見したのは、ネッティ・マリア・スティーブンズという当時無名の米国の女性科学者だった。男の秘密に気づくのはいつも女が先なのだ。今から100年以上も前のことである。

「リソソームを再び偉大に」

米国ロックフェラー大学の青いフラードームで、恒例のハーヴェーレクチャーが開催された。血液循環の発見者の名を冠したこの講演会には、今一番、旬で新進気鋭の研究者が登壇する。夜も遅いのに会場は満席。老教授たちは正装して最前列に居並ぶ。この日の演者はアナ・マリア・クエルボ。

彼女はリソソーム研究の最前線をスペインなまりの英語で華麗に話した。リソソームは今から半世紀以上も前、ここロックフェラー大学で発見された。当初、なんの変哲もない小粒の玉にしか見えなかったリソソーム。それが細胞にとってとてつもなく重要な場所であることがわかってきた。細胞内に生じるあらゆる老廃物を一挙に引き受けてきれいさっぱり片付ける。

リソソームの働きが鈍ることが、老化や肥満と密接に関係していることも判明してきた。最後に共同研究者が彼女を称《たた》えるスライドショーをした。“make lysosome great again”(リソソームを再び偉大に)と書かれた赤い野球帽。会場に笑いが起こった。ご存じ、異色の大統領候補トランプのスローガンのもじり。しかし、あえてそう言う必要もあるまい。リソソームはずっと昔から――地球上に真核細胞が出現した、約20億年前から――、そしてこれからも寡黙な必殺仕事人として偉大であり続けるからである。

少年の日のギンヤンマ、建築に

少年は諏訪湖《すわこ》のほとりで育った。水中に潜んでいたヤゴたちは、深夜、浅瀬をめざして上がってくる。岸辺の水草の茎にしっかりとつかまると、夜明けとともに一斉に羽化が始まる。すらりとした青い胴体を伸ばしきったギンヤンマは、今しがた脱ぎ捨てた殻にとまったまま、飛翔《ひしょう》の前のひととき、小刻みに身体を震わせている。

透明で薄いセロハンのような翅。細い脈が複雑に張り巡らされている。そこに現れた紋様は、幾何学的に見えて、二つとして同じ多角形はない。華奢《きゃしゃ》でありながら、力が漲《みなぎ》っている。朝日がきらきらと反射する。長い時間、少年はじっとそれを見つめていた。そして思った。いつかきっとこんな建築を造りたい、と。

ニューヨーク近代美術館では今、"Toyo Ito, SANAA, and Beyond"と題された展覧会が開催中だ。新国立競技場案のコンペでは惜しくも敗れた建築家・伊東豊雄のこれまでの作品群が、やわらかな白い布のパーティションで区切られたスペースに並んでいる。樹木の枝分かれ、入り組んだ細胞の皮膜、そしてまさにトンボの翅のような構造体。一貫して流れる共通性は、どれも極めて生命的である、ということ。つまり彼は、少年の日の夢をずっと実現しようとしているのだ。自然は無限のデザインリソースとなる。

弱者の巧みな戦略

暗い闇に沈んだ黒い海の中で不思議なことが進行している。目に見えないほど微細なバクテリアが徐々に集まってきているのだ。その数は数十から数百へ、数百から数千へ、瞬く間に膨大な数の集合体になる。と、突然、その集合体が青白く光りだした。バクテリアが一斉に発光を開始したのだ。

人間の組織では会議が成立するために一定の出席者数が求められる。定足数である。少数メンバーによる専横を防ぐための知恵だ。興味深いことに「定足数」が生物の世界にもあることがわかってきた。しかしそれは専横を防ぐためではなく、むしろ個々の微弱な力が結集して大きな作用をもたらすために用意されている。

ある種の病原細菌では、宿主の抵抗力が弱って菌体数が増加したとき、初めて毒素を生産して攻撃を開始する。あるいは集団が大きくなってから一挙に粘液状の防護壁を作り出して自分たちを守る。ひとつひとつは極めて弱い存在なので、少数のうちはあえてことを構えず、密《ひそ》かに仲間を募ってから、機を見て一気に行動を起こす。いわば満を持すためのしくみ。

そのために彼らは常に周囲の個体密度を察知する特別なセンサーをもっている。これを定足数の英語「クオラム」という言葉を使って、クオラムセンシングと呼ぶ。弱者の巧みな戦略なのである。

美の起源、生命と結びつく青

青という色が好きだ。ヒマラヤの高地に咲くケシ。小さな宝石のような斑猫《はんみょう》の紋様。フェルメールがラピスラズリという石を砕いて描いた少女のターバン。ニューヨークの高くて澄んだ空。

青は不思議な色だ。見渡せば青はどこにでもある。海の青。山の青。空の青。しかしそこから青色を取り出してきて白い布を青く染めることはできない。水をすくっても、どれだけ空気を集めてもそこに青はない。なぜなら海の青や空の青は、青い色素がそこに溶けているわけではなく、液体や気体の作用によって青い光が選び出されているからそう見えるだけ、つまり物質ではなく現象として青い。

青く輝くモルフォ蝶から青を取り出そうとして翅をすりつぶすと、そこに残るのは黒い粉となる。翅には薄いガラス状の層があり、青い光だけが反射する。これもまた現象としての青、構造色である。

実は青は特殊な色だ。赤や黄や緑に比べてエネルギーが格段に強い。生命がまだ小さな単細胞として太古の海に漂っていた頃、深い水の中で最初に感知したのは青色だったはずだ。青が光の方向を教えてくれた。彼らは青に向かって必死に泳いだ。だから私たちは青を美しいと感じるのではないか。生命にとって必要なものこそが美。水の青。空気の青。美の起源は生命と直接結びついている。

科学の進歩、「愛」が支える

科学の進歩を支えているのは科学者ではなく、むしろアマチュアである。それが特に顕著な分野が三つある。昆虫の発見。彗星《すいせい》の発見。そして化石の発見だ。アマチュアとは何かを〝愛する人（アマン）〟。今日は、私の密かなヒーロー、鈴木少年の話をしよう。彼は福島県いわき市の生まれ。図書館で戦前の炭鉱探査記録を見つけ、古い地層が露頭する場所を知る。毎日曜日、自転車を30キロもこいでそこに通い詰めた。アンモナイト、古い植物、鮫《さめ》の歯などを見つけた。かくして彼は化石ハンターとなる。

県立工業高校生になったある日、断層に不思議な楕円《だえん》形の化石を見つけた。動物の背骨の断面のようだった。それにしては大きすぎる。彼が極めて賢明だったのは、掘り進めるのではなく、その場で作業を中断したことだった。これ以上はアマチュアの手にあまる。彼は国立科学博物館に連絡した。大規模な発掘計画が発足した。なんとそこには全長7メートルの巨大な海竜がほぼ完全なかたちで横たわっていたのだ。日本の古生物学における画期的な大発見だった。フタバスズキリュウと命名された。

先日、鈴木直《ただし》さんの講演を聴いた。彼はもう少年ではなかったが、きらきらする少年の目をしていた。最後に与謝野晶子の歌を引いて話を終えた。

劫初《ごうしょ》よりつくりいとなむ殿堂にわれも黄金《こがね》の釘一つ打つ

鳥には見えている

星も月も見えない夜の暗い空。果てしなく広がる黒い大海原には島影ひとつない。それでも渡り鳥の一団は強い風を切って、まっすぐ前を見据え、力強く一心に羽ばたいている。その視線の先に、あたかも何らかの目標物がくっきりと浮かび上がっているかのように。

彼らには見えているものがある。北向きの真っ暗な水平線の少し下に、ぽっかりと漏斗状の穴が開いている。その穴に向かってすべての線が吸い込まれていく。鳥たちにはその線が見える。あるいは感じとることができるのだ。

鳥たちが見ている線は、人間には決して見ることができない。が、太古の昔から地球を取り巻いていた。地磁気である。南極近くから発せられ、地球の表面を丸く流れながら、北極付近に吸い込まれている。鳥たちにはこの地磁気の流れが手に取るように見えるのだ。

旅する生物が地磁気を感じている証拠は以前からあった。脳の内部に微小な方位磁石があるとの仮説もあった。最近の研究では地磁気による体内たんぱく質の電子状態変化を感知しているとされる。これによって彼らは迷うことなく故郷に戻ってくる。

鳥たちにとってこの世界は、我々が見ているよりもずっと豊かで、はるかに奥深いものとして映っているのだ。

科学研究にとっての建築とは

ニューヨークでラファエル・ヴィニオリの講演を聴いた。日本では、スタイリッシュな東京国際フォーラムの設計者として知られる彼は、今、米国で最も注目される建築家の一人。彼の得意分野は大学や研究所である。

米国における私の拠点はロックフェラー大学。イーストリバー沿いの静かな高台にキャンパスはある。生命科学に特化したこの大学院大学では研究室の大幅な増床を目指す新規開発計画が進んでいる。ヴィニオリの提案は画期的だった。道路側の正門から川に向かって、キャンパスは緩やかな上り斜面にあり、創立以来の古い建物群と緑溢れる前庭が広がる。彼はこの景観に一切手を加えなかった。そのかわり川側の崖を大きく削りとって半地下にアーチ状に伸びる広々とした研究棟を埋め込んだ。全面ガラスの壁からは光きらめく水面が見渡せる。

白髪、黒縁メガネ、黒服のヴィニオリは雄弁な哲学者のように語った。科学研究にとって建築はいかにあるべきか。それは上意下達のヒエラルキー構造ではなく、むしろランダムな相互作用を保証するフラットな場（フィールド）である。可変的な実験スペースとその中央に研究者が集う明るいアトリウム。ロックフェラー大学の新研究棟は、まさにこのコンセプトを実現したものになる。はからずも胸が高鳴った。

見れば見るほど見えない

ネットのデジタル地球儀「グーグルアース」を使うと世界中、あらゆる場所に瞬時に旅ができる。大陸、国、都市、街区、ぐんぐんズームアップして地図を写真に切り替えれば中庭や屋上のプールまで見える。ストリートビューを映せば明るい街路樹、行き交う車、店の様子が自分が歩いているようにわかる。

かつてこれと似た視覚体験をしたことがあるのをふと思い出す。薄いタマネギの皮をスライドグラスに挟んで、顕微鏡で覗く。細長い細胞の小部屋と細胞核の丸い粒がくっきりと見える。もっとよく見たくなって、私はいそいで対物レンズを回した。百倍、二百倍、四百倍。するとどうだろう、不思議なことが起きる。倍率を上げると視野が一挙に狭まるため、一体自分が細胞のどこを見ているのかわからなくなる。同時に、光の量が極端に足りなくなり、観察像は暗転してしまうのだ。

専門性のたこつぼに陥りがちな私たちにとって、バーチャルリアリティーの地図では決して起こらないこの感覚を、ある種のアレゴリーとして心にとめておくことは大切だと思う。

解像度が上がることによって、より細部が詳《つまび》らかとなる。しかしそのとき見ているものは周りから切り取られた、世界のほんの一点でしかなく、しかも暗くて、ほんとうはよく見えてはいない何かなのである。

記憶はつながりの中に

生命体は絶え間のない流れの中にある。細胞の構成成分は常にどんどん分解され、同時に次々と合成され続ける。『方丈記』の冒頭にあるごとく、私たちの身体はいっときもとどまることなく更新され続ける。1年もすれば物質的にはほとんど別人になっている。だから久闊《きゅうかつ》を叙す時の挨拶《あいさつ》は、お変わりありませんね、ではなく、お変わりありまくりですね、が生物学的には正しい。私の持ちネタであるこの話をすると、こんな質問が返ってくる。ではどうして記憶は保持されるのでしょうか？

その答えはこうだ。突然ながら山手線を思い浮かべてほしい。環状運転が開始されたのは1925年のことだそうだが、当時使われていたレールや枕木は、今や姿もかたちもないはずだ。絶えず交換や補修が行われ、また駅舎も駅周辺の様子も利用客もすっかり様変わりした。しかし渋谷の次は原宿で原宿の次は代々木でその次は新宿という路線図はずっと同じままである。脳を構成する神経細胞の成分は、ちょうど山手線のレールや枕木にあたる。それらは絶えず更新されるが、神経細胞と神経細胞のつながれ方自体は、つまり駅と駅の関係は保たれる。その回路に電気が流れたとき、同じ記憶がよみがえる。

つまり、記憶は物質として保持されているのではなく、関係性として保持されているのである。

羽の裏にほんとうの表情

雨の日も、雪の日も彼はただひたすら山道を登った。ガレ場であきもせず小石をひとつずつ起こして観察を続けた。彼とは山岳写真家・田淵行男《たぶちゆきお》のことである。誰もいない荒涼とした岩肌の果てに広がる、奥行きのある山の写真を撮影した。彼の作品を見ると、吹きすさぶ風の音がいまにも聞こえてきそうだ。

一方、彼が小石の下に探し求めていたものは、高山蝶タカネヒカゲの幼虫だった。長年に及ぶ研究の結果、この可憐《かれん》な蝶の幼虫は2500メートルの高地で風雪と極寒に耐えながらなんと二冬を越して、ようやく成虫になることが判明した。数々の貴重な生態写真を収めた畢生《ひっせい》の書『高山蝶』（1959年刊）は私たち昆虫少年のバイブルであり、今では古書店で驚くような値段がついている。

田淵の死後、おびただしい数の蝶の彩色画が見つかった。不思議なことに、どれも蝶の裏翅を描いたものだったが、そこには溢れだすような生命のほとばしりがある。田淵にはわかっていた。標本になった蝶は翅を広げて固定され、標本箱に針で留められる。しかし、そうすると見えなくなる裏側こそが、蝶のほんとうの表情であることを。

タカネヒカゲは山の強風を避けるように、たたんだ翅を横に傾けて岩にとまる。そのメッセージにいつも田淵は目を凝らし、そっと耳を傾けた。

痛みで知った自然の営み

まだ小学生だった頃のこと。茂みのなかに見事な蜘蛛《くも》の巣を見つけた。光る朝露をまとって、緻密《ちみつ》な多角形が幾重にも積みかさなっている。気がつくと、隅の方に小さなミツバチが引っかかってもがいているではないか。巣の反対側には黄と黒の縞《しま》模様をした大きな蜘蛛がいて、いちはやく振動を感じ取ったのか、長い脚を巧みに動かしながら、ゆっくりと距離を縮め始めていた。とっさに思った。助けてあげないと。囚《とら》われた蜂を糸から外してやろうと、こわごわ指先で蜘蛛の巣に触れた。思いの外、糸は丈夫で、しかも粘ついていて指にまとわりつく。逃げようと蜂はますます激しくうごき、透明な翅がかえって糸に絡み取られてしまう。揺れが強まったせいか、蜘蛛はすばやく近づいてきた。

早くしないと。蜂の身体をつまんで強引に巣から引き離そうとした。その瞬間。指先に焼けるような激痛を感じた。深く蜂に刺された。救いの手と知るよしもなく、蜂は最後の力を振り絞って抵抗を試みたのだ。指には黒い針が残されていた。ミツバチの針は、外敵を刺すと同時に内臓ごと胴体からちぎれるため、蜂は死んで地面に落ちた。

自然の営みに対する私の無益な介入は、蜂の救出に失敗し、蜘蛛の巣と彼女の朝食を奪い、私の指先にしばらくの間去ることのない鈍い後悔を残した。

人間は中心から、ヒトは周縁から

丹下健三《たんげけんぞう》に「理想の魚を設計してください」と依頼し、それがもし聞き入れられたとしたら、鉛筆を持った彼の指は、すっと横一線に、全体を貫く背骨を第一に引いたことだろう。丹下健三という人はとにかく中心軸というものが好きだった。広島平和記念公園の中心軸はぴたりと原爆ドームに揃えられているし、東京湾に広がる未来都市の計画案では、中央を走る軸の左右に、ぶどうの房に似た海上住宅がぶら下がっている。

まず世界を俯瞰《ふかん》し中心軸を決めてから細部を作っていく。これは建築家の習性という以上に、人間の思考法の常である。ものごとを設計的に考えること。

ところが実は魚自体はそんな風には作られてはいない。生命体は本来、地方分権的なシステムであり、軸は後になってからできる。魚が出現する以前の生命体、たとえばミミズやナメクジのようなやわらかな生物には背骨がなかった。細胞の集合体が押し合いへし合いしながら、前後左右から押し込められた襞《ひだ》として中心軸ができ、それが固くなって背骨になった。これはたとえばヒトが受精卵から出発し、徐々にその形を成していく発生の過程でも再現される。「設計的」の反対語は「発生的」であり、設計的思考が得意なヒトは、逆説的ながら、中心からではなく周縁から生成されていく。

男性の起源は女性、いばるな男

すこし前、『できそこないの男たち』という本を書いた。生命の基本形は女性であり、生命が誕生してから少なくとも最初の10億年は世界に女性しかいなかった。誰の力も借りずに女性は女性を産めた。でもこれだけだと縦糸しか紡げない。女性は欲張りなので、自分の美しさと他の女性の美しさを合わせてより美しいものを作りたくなった。そこで男性を作り出した。つまり遺伝子の「使い走り」である。そんな話を開陳した。

その中でIris Otto Feignsという詩人の作品を紹介した。

〝魚たちは自分たちを取り囲み、自分たちを載せている媒体の存在を認識できないのです。ただひとり、水から一気に飛び出すことのできるトビウオだけがその存在を知っているのです。だからこそ私たちはトビウオの姿に特別な力を感じとるのです〟

たまたまネットを見ていたら、わざわざこの詩文を引用して下さっている読者の方がいた。たいへん申し訳ございません。実は、この詩人も作品も、すべてわたくしの創作なのでした。Otto（男性名）のふりをしたIris（女性名）。そして名前の文字を並べ替えると、origin of testisとなる。男性の起源それは女性、ということで「いばるな男」と言いたかったのです。が、もし真に受けた方がおられたら伏してお詫《わ》びいたします。

ゲノム競争、ゴールドラッシュ

しばしば渡米して現地の研究者と交流する。打ち解けると米国人もかなりのうわさ好き。もっかの話題は2人の女性研究者、ジェニファー・ダウドナとエマニュエル・シャルパンティエ。※なぜ彼女たちは今、それほど注目を集めているのか。

細胞の内部には細いDNAの糸が折りたたまれて格納されている。これがゲノム。ゲノムを解読し、切り貼りすることは可能だったが、何億文字もあるDNA暗号の、任意の文字列をピンポイントで、自由自在に書き換えることは誰にも不可能だった。2012年夏、2人はそれを画期的な方法で可能にした。CRISPR（クリスパー）／Cas（キャス）9（ナイン）。またの名をゲノム編集技術。

もともと細菌が進化の過程で獲得したウイルス防御機構を巧みに応用したものだった。世界中が瞠目《どうもく》した。ノーベル賞は確実。半年後、彼女たちはこの技術がヒトの細胞にも使えることを論文で発表したのだが……。なんと数週間早く、若手中国系研究者フェン・チャンが同じことを発表し、14年にはゲノム編集技術の特許を手中にした。彼は手書きの実験ノートまで示して「僕の方が先にアイデアも思いついていた」と述べた。ジェニファーたちは怒り、反論している。

いやはや、すごい。ゲノムの世界は時ならぬゴールドラッシュと、にわかに勃発した先取権争いの渦中にある。

※2020年ノーベル化学賞を受賞

遺伝子の束縛から脱する価値

英国がEUから離脱する。政治や経済に疎い生物学者が言いうることはささやかなことでしかない。ヒトは、長い進化の末に唯一、遺伝子の呪縛から脱することに成功した生物である。遺伝子の呪縛とは何か。それは、争え、奪え、縄張りを作れ、そして自分だけが増えよ、という利己的な命令である。これに対して、争うのではなく協力し、奪うのではなく分け与え、縄張りをなくして交流し、自分だけの利益を超えて共生すること、つまり遺伝子の束縛からの自由にこそ、新しい価値を見出した初めての生命体がヒトなのである。言葉をかえていえば、種に奉仕するよりも、個と個を尊重する生命観。

国境という人工の線をなくし、人々の往来と交流を促進し、共存を目指したのがEUの理念であったのなら、それは遺伝子の束縛から一歩を踏み出した生命観にかなっていた。今回それがいささか逆行したかのように見えるのは残念なことだ。でも私はそれほど心配しない。押せば押し返し、沈めようとすれば浮かび上がる。そうして本来のバランスを求めるのが生命の動的平衡だから。

ヒトが、遺伝子を発見し、そこから脱することの価値に気づいたのも、そもそも遺伝子のなせるわざだとするのなら、遺伝子はもともとこう言っているのかもしれない。生命よ自由であれと。

ただ悠然と、鰻のように

土用の丑《うし》が近い。知人の名（迷）言。「鰻《うなぎ》は裏切らない」。つまり、超高級店でも、街場の割烹《かっぽう》でも鰻は鰻。ハレの日のごちそうとしてどこで食べてもそこそこにおいしい、の意。脂ののった香ばしい白身がほろほろと口の中で崩れる。でもそれは世界に冠たるかば焼きの技あればこそ。外に目を転じると、ダ・ヴィンチ「最後の晩餐《ばんさん》」の卓上にあるのは鰻だそうで、それを再現した料理はパサパサの硬いフライ。とても食べられる代物ではなかった。片やNYの鰻丼《うなどん》はカレー皿にブロッコリーとトマトが添えてある。

ところで鰻をめぐる最大の謎。はるかマリアナ海溝の深海で産卵し、幼生は波まかせ風まかせで日本の川にようやく戻ってくる。なぜかくも壮大な旅をするのか？　こんな仮説がある。もともと鰻は川にすみ、河口近くで産卵していた。地殻変動のせいで産卵場所が徐々に移動していった。1億年、2億年。膨大な時間が経過し今日に至った。鰻にとっては同じ場所への往復をただ繰り返していただけ。

もし人類が鰻くらい悠然と日々を暮らしていけるのなら、たいていの領土問題は解決するはず。島々はすこしずつ陸に近づきやがて合一する。さもなければ削られて海の藻屑《もくず》と消える。あとははるかな風が吹き渡る青い海原が広がっているだけだ。

2

内部の内部は外部

2016.7.14 ……… 2017.2.16

地図　不要な細胞、欲しがる脳

世の中にはマップラバーとマップヘイターがいる。マップラバーは地図が好きな人。何をするにも全体像を把握し、自分の場所を定位してから目的地に向かう。百貨店でも地下鉄の駅でも、まず案内図を見る。人間は基本的にマップラバーとしてこの世界を捉えてきた。大航海と探検を極めてアトラスを作った。DNAを端から端まで解読し全ゲノム地図を完成した。勉強や調査が好きな人もマップラバー。

ところが世の中にはその正反対、マップヘイターがいる。地下鉄から出ても、百貨店に入ってもいきなり歩き出す。フロアプランなんか見向きもしない。でもちゃんと目的地に到達する。マップラバーから見ると不思議でしょうがない。嗅覚《きゅうかく》なのか勘なのか？　マップヘイターには天性の感覚がある。モノとモノとの関係性を見出《みいだ》すための能力。この道をまっすぐ行けばポストがあり、そこを右に曲がれば売店があり、その先の左の路地の奥がこの前いった家。そんな感じで万事解決。

秀才のはずのマップラバーは、ひそかにマップヘイターを恐れる。なぜなら、マップヘイターの方がよりたくましく、危機に強いからだ。そして本来的に、私たちの身体は、細胞のマップヘイター的な行動によって形成された。そうして作られたはずなのに、脳は地図を欲しがってしまうのだ。

人間は考える「管」

人間は考える葦《あし》である。そうパスカルは言ったそうだが、私が見るところ、人間は考える管《くだ》である。ヒトの身体はとどのつまりちくわのようなもの。口と肛門《こうもん》で外界とつながった一本のチューブだ。だから消化管壁は内部に折りたたまれた皮膚の延長で、肌荒れ同様、消耗が激しい。そして、おなかの中とはいうものの、消化管内は、まだ身体の外部である。ここを通り過ぎる食物が、ちくわの身の中に吸収されて初めて、栄養素が体内に入ったことになる。

生物がこんな風に管になったのは、それほど遠い昔のことではない。当初、生物は単なる袋だった。イソギンチャクを思い浮かべればよい。彼らは口と肛門が一緒。モノを食い、カスを同じ穴から吐き出す。さすがに恥ずかしくなったのか、反対側に排出口を作った。これが管のはじまり。ウニには口があり（岩に張り付いている方に）、その反対側のトゲの中にちゃんと肛門がある。

口と肛門が出来たおかげで、生物には前と後ろが出来、前には目や鼻が作られ、後ろには脚や尾が作られ、前進後退ができるようになった。やがて前には脳が作られ、すこしは策を弄するようになった。かくして人間は考える管となったが、果たしてこれはよきことだったのか。もし生物が袋状のままだったら頑固な便秘に悩まされるようなこともなかったはずだ。

効率の価値、見せた画家

久しぶりにイタリアに旅した。レオナルド・ダ・ヴィンチの生物学への関心を調査するのが目的だったが、フィレンツェでは一日、美術散歩を楽しんだ。花の聖母大聖堂のドーム天井画。市庁舎の大広間の両側の巨大な壁画。これらはすべて同一人物の手によってなされた。名著『芸術家列伝』でも知られるジョルジョ・ヴァザーリである。

しかし、こういっては何だが、ヴァザーリの絵は、同時代の巨匠たち、たとえばダ・ヴィンチやミケランジェロに比べれば、それほどたいしたものとは思えない。宗教画にせよ、歴史画にせよ、大作ではあるものの平板で、躍動や訴求力に欠ける。

しかしヴァザーリには類いまれなる才能があった。手際の良さである。彼はどんな大がかりな依頼でも迅速に仕事を進め、約束どおり時間内に完成させた。つまり納期を守った（ダ・ヴィンチはこれができなかった）。そしてメディチ家をはじめ名だたる顧客の信頼をつかんだ。仕事の量（あるいはその対価）を時間で割ったものが効率である。年次売り上げ、月間目標、日当、時給。こんな数値に我々はとらわれる。時間は永遠に続くというのに。

納期、効率、そしてコスパのよさ。かくしてヴァザーリは、絵画そのものの価値よりも、このあとに来たるべき近代の価値を準備したことで、その名を後世に遺《のこ》した。

ヴェネツィア移住、ダ・ヴィンチの狙いは

イタリア紀行の続き。ヴェネツィアを訪問した。海側からこの街に近づくと、ふいに、水平線の向こうに古い鐘楼の尖塔《せんとう》や教会のドームの群れがこつぜんと、蜃気楼《しんきろう》のごとく立ち現れてきた。それは私に、ニューヨークの摩天楼を思い起こさせた。

実際、ヴェネツィアは中世のニューヨークだったといえるかもしれない。世界中から富と知と文物が集まってきた。レオナルド・ダ・ヴィンチの足跡を訪ねるとき、謎めいた一時期がある。長らくミラノに滞在していた彼は、1500年、ヴェネツィアに移り住んだ。しかしなぜ来たのか、ここで何をしていたのかは詳《つまび》らかではない。

ちょうどアカデミア美術館で、アルド・マヌーツィオの展覧会が行われていた。アルドは印刷文化の始祖。活版技術そのものはすでにグーテンベルクによって発明されていたが、アルドはこれを小型化し、ページ番号を入れ、各種フォントを開発し、レイアウトを整えた。誰もが手にして持ち歩ける読みやすい本が生まれた。書物史の革命だった。

ダ・ヴィンチはアルドに会いにヴェネツィアに来たのではなかったか。時期はピタリと合う。ダ・ヴィンチは自分のアイデアを広く世に知らしめたかった。反転した鏡文字は印刷すればそのまま本になる。これで大ベストセラーを狙っていたのでは？　私の夢想は尽きない。

蝶の飛行メカニズム

久しぶりにアサギマダラを見た。その名のとおり、浅葱《あさぎ》色と褐色に縁取られたこの蝶は実に優雅に宙を舞う。ひらり、ひらり、ゆらり。

科学はまだ蝶の飛行メカニズムをきちんと解明できていない。飛行機が飛ぶ原理は鳥が滑空する方法と同じである。強い翼の羽ばたきで（飛行機の場合はエンジンで）推進力を作り出す。翼の断面は非対称の流線形になっていて、翼の上面で空気の流れが速く、下面では遅いため気圧の差ができる。それが身体（機体）を持ち上げる。

しかし蝶が飛ぶ原理はまったく異なる。翅《はね》は、極細の骨組みにセロハンのような軽量の膜が張られているだけ。強い推進力もない。でも蝶は、向かい風でも、横風にあおられようとも、決して落ちることなく右へ左へ自在に飛び続ける。

進化の長い歴史を眺めると、蝶を含む昆虫こそが最初に空中に飛び出すことに成功した生命体だった。鳥が出現したのが約1億5千万年前のジュラ紀。虫たちはそれより2億年も早く、すでに空を制していたのだ。

一瞬、花に止まったアサギマダラはまた飛び立った。おぼつかないようでいて、しっかりと前へ進む。まるで、見えない空気の渦をつかんで、巧みにころがしているようだ。風のサーファー。蝶が視界から去ったあと、急にセミしぐれが聞こえ出した。

貝殻にいた小さな住人

夏休みの海辺で貝殻を拾った。みごとな渦の茶色の巻き貝。本棚の飾りにしよう。そう思って家に持ち帰った。

その日の夜更け。あれ？　今、玄関の方で奇妙な音がした。耳を澄ませた。空耳かな。かり・かり・かり。まるで何者かが鍵穴に針金を挿しているような怪しい音。まさか。玄関口まで行って明かりをともしてみた。異状なし。錠も閉まっている。ふと足元に目を落とした。貝殻。そう、今日、持って帰ってきたんだった。いや、ひょっとして。拾い上げて居間の明るいテーブルの上に置いてみた。しばらく待つ。貝の入り口につまった小石に見えたものがゆらりと開く。するすると細長い触角と黒い目、次いで脚がわらわらと出てくるではないか！　ヤドカリ。貝殻には小さな住人がいたんだ。ごめんね。

私が身じろぎすると、瞬時に奥にひっこむ。コトリ。えらく慎重だな。ヤドカリはエビやカニのなかま。尾と後脚で貝の内部をつかみ、中の脚で移動、ハサミでふたをする。成長する度に身の丈に合った貝を選ぶ。宿替えの際にはハサミで大きさを確かめ、入り口と入り口をくっつけ、でんぐり返りをしてすばやく乗り移る。雑食性。

ケースに入れて、野菜のかけらを与えたら翌朝には大半がかじられていた。しばらくがまんして。近いうちに海に戻してあげるからね。

赤と緑、違いがわかる訳

リオ五輪では各国の国旗がはためいた。目につく色は赤と緑。でも実は、正反対に見えるこの2色は極めて近い色なのだ。緑のもとになっている葉緑素と、赤のもとになっている血の色素のヘムは、化学構造で見るとそっくり。いずれも四つ葉のクローバーのような形をしており、中心にはまっている金属イオンがマグネシウムか鉄かという点が違う。だから物理学的にいうと、葉っぱから反射される光と血から反射される光は互いに極めて似た光になる。

霊長類以外の哺乳類、たとえばネコやイヌはこの光がどちらも同じように見える。つまり葉っぱの緑色と血の赤色を区別できない。そのかわり、彼らは暗がりでもエサを見つけたり、敵や味方を区別できたり、明暗の感度が高い眼《め》を持っている。

どうして霊長類は、わずかな光の差を見分け、そこに緑と赤という大きな色の違いを知覚できるようになったのか。それは彼らがすみかとした森の環境と関係している。折り重なる枝葉の中から木の実や熟した果実をすばやく見つけることが生存の上で有利に働いた。あるいは個体間のコミュニケーションが発達するにつれ、顔色の微妙な変化を読めることが役立ったのかもしれない。かくして我々人間は、今日、カラフルな世界を享受し、芸術やファッションを楽しむことができるのである。

内部の内部は外部

生物学は一応、理系の分野だが、微分・積分のような難しい数学を使うことはあまりない。むしろトポロジーが必要になる。ようは立体感覚のこと。

細胞は一枚の薄いながら丈夫なシート（これを細胞膜という）で覆われている。細胞は、その内側で作り出されたホルモンや酵素といった物質を細胞の外に分泌しなければならない。もし、シートに穴をあけ、そこから物質を外へ放り出すとすれば、逆に、外にある雑多なゴミが一挙に細胞内に侵入してくる危険に直面することになる。

実は、細胞は内部に内部をもっている。細胞膜と同じ薄いシートで作られた小さな風船のような空間を、細胞内に保持しているのだ。ホルモンや酵素はまずこの小さな風船の中に入れられる。この際、風船に一瞬、穴をあける必要があるが、その穴は風船の中と細胞内をつなぐだけなので、外とは触れない。

小さな風船は細胞内部を移動し、細胞全体を覆う細胞膜の直下に接近する。すると風船の膜と細胞膜の接点が融合し、細い通路ができる。ちょうどサロマ湖が狭い水路で海につながるように。かくして風船の中の物質は安全に細胞外に放出される。つまり内部の内部は外部なのだ。糖尿病や腎臓病など、細胞の分泌・吸収を研究する際、トポロジーのセンスが大いにものを言う。

先駆者へのリスペクト

通常の文章では、目上の人には敬称をつけ、同僚や後輩にはつけない。科学の世界では、論文を書くとき、あらゆる人を呼び捨てしてよいことになっている。湯川秀樹であれ、山中伸弥であれ、先生とか博士とかをつけなくてよい。なぜか。科学の前で研究者はお互いに対等だから、である。そのかわり、自分の発見を独り占めせず、必ず先人たちの仕事に敬意を表し、正しく言及しなければならない。

たんぱく質のような巨大分子でも、ある条件下でレーザーを当てるとイオン化し、その質量を測定することができる。駆け出しの若い無名技術者によって1987年に発表されたこの実験結果は、マイナーな専門誌にひっそり掲載された。

それでもあとに続いた幾多の科学者たちはちゃんとこの論文を引用し続けた。最初に井戸を掘った人へのリスペクトを忘れなかったのだ。科学の美風である。15年後、田中耕一は質量分析の先駆者としてノーベル賞を受賞した。メディアは全くノーマークだった。

これと同じことが起きるかもしれない。いま激烈な特許競争が勃発している大発見、ゲノム編集技術——遺伝子情報を自由自在に書き換える画期的な方法——のいちばん最初のきっかけは、30年ほど前、当時大阪大にいた石野良純らによる発見だった。風はどう吹くだろう。

だし同士は相乗効果、人間は……

1足す1の答えが2ではなく、それよりも大きなものになること。これをシナージズム＝相乗効果と呼ぶ。

たとえば、ここに薄めのこんぶだしがあるとする。一さじすくって味見をしてもちょっとたよりない。一方、別の器にはかつおだし。こちらをなめてみるとやっぱり少々物足りない。では、試しに二つのだしを等量混ぜあわせてみると……。あら、不思議。がぜん、うまみが引き立ってくるではないか！　シナージズムとはまさにこれ。

以下、ちょっと理屈を申します。こんぶだしにはグルタミン酸が、かつおだしにはイノシン酸が含まれている。舌の上には、うまみレセプターというミクロな検出器がある。ちょうどキャッチャーミットのようにグルタミン酸を捕まえてうまみを感知する。このキャッチャーミットの裏側にはもうひとつ別のポケットがあり、そこにイノシン酸がはまり込むと、急にキャッチャーミットの握力が強まって、たとえ濃度が薄くとも、グルタミン酸をぎゅっとつかめるようになる。これが両者のシナージズムでうまみがぐっと引き立つメカニズム。日本酒（グルタミン酸）とタラコ（イノシン酸）のように、お酒と料理の相性にもこの相乗効果が隠れている。人間関係もこんな風にお互いを高め合えればいいのだが、往々にして相乗ならぬ相殺効果に陥りがちなり。

築地市場の生態学

10年ほど前、ハーバード大学の書籍部を覗《のぞ》いたときのこと。店頭に『TSUKIJI』と題された分厚い本が平積みになっていた。手にとって見てさらに驚いた。同大の著名な文化人類学者テオドル・ベスターが、築地の歴史、文化、成り立ち、世界にも例がないほど大規模で複雑なのに円滑な市場のしくみ、そのすべてを調査研究し尽くして書き上げた畢生《ひっせい》の大著だった。外部の目をもってはじめてなし得た微細な生態観察。

ここに書かれている主題は明白だった。築地は単なる場所ではない。モノとヒトとカネとエネルギーと情報が絶え間なく流れ、交換される動的平衡の結節点。つまり築地はひとつの有機体としてまさに生きている。類いまれなる生命論の本だった。私はすぐにベスターの承諾を得て、本書を翻訳することにした。あれから何年が経っただろう。生態系からその一部を無理やり切り離して移植すれば、関係性は失われ、平衡は決して元にはもどらない。

ベスターも私もすっかり野辺送りの気持ちになっていた築地が今また、にわかに揺れ動いている。余命が宣告され、移植手術が強行される前に、ほんとうにそれが有効な治療法なのか、もういちど立ち止まって再考する機会を呼び寄せたのは、築地が本来的に持っているしぶとい生命力ゆえのことに違いない。

あまたの相関関係、ほとんど「妄想」

ある調査で胃がんの罹患《りかん》率が高い地域が見つかった。ここの特産品は塩辛。地元住民は塩辛をたくさん食べていることが判明した……こんな話を聞くと、私たちはすぐに、塩辛が胃がんに関係しているかもしれない、と思ってしまう。でも話はそんなに簡単ではない。

Aが増えれば、Bが増える（または減る）のように二つの現象のあいだに何らかのつながりがありそうなとき、それを相関関係という。でも相関関係はあくまでたまたまそう見えるだけの関係。Aが原因でBが結果、つまりここに因果関係があるとはいえない。

相関関係にほんとうの因果関係があるかどうかを確かめるためには介入的な実験をしなければならない。塩辛の、たとえば塩分が胃がんを引き起こすというのなら、塩辛がなければ胃がんは起きないことを立証し、かつ、わざと塩辛さを強めれば、より胃がんが促進されることを示さなければならない。でも人間の健康や環境の問題においてこのような実験を行うことは不可能だ。ほんとうに因果関係があったとしても、もしそれが何十年もかかって引き起こされるのなら、それを調べている研究者の方が先に死んでしまう。かくして、あまたある相関関係の中で、ほんとうに因果関係が証明された関係は実は驚くほど少ない。私たちは「関係妄想」の中に暮らしているのである。

新たな地点へ、登り続ける

なぜ山に登るのか。そう問われた英国の高名な登山家ジョージ・マロリーは「そこにそれがあるから」と答えたそうな。日本を代表するナチュラリスト・今西錦司《いまにしきんじ》は生涯に1552座もの山に登った。同じ質問に対して、今西が若い頃に語った答えがふるっている。「向こうに山が見える。その山に登ったら、また向こうに高い山があった。だから次々と山に登ります」

これは学ぶことの本質を巧まざる表現で言い当てた名言ではないだろうか。一生懸命、勉強してある地点に達する。するとそこからしか見えない新たな視界が開けてくる。人はその視界の向こうにあるものを目指して、また次の一歩を踏み出す。

今西は、カゲロウの生息分布をたんねんに調べることによって、同じ川であっても流れの速度や水の深度によって、異なる種があたかも互いに他の生命を尊重するかのように「棲《す》み分け」ている様子を発見した。そこから彼は種というものの主体性を考えるようになり、進化は「変わるべきときがきたら、みな一斉に変わる」と言った。

これは生物進化を突然変異と自然淘汰《とうた》だけから説明する正統ダーウィニズムとは相いれない考え方だった。今では今西生命論は否定され、忘却の彼方《かなた》にある。が、同じ京都学派の系譜に連なる者として、私は今西錦司の孤高を、いつも視界の向こうに仰ぎ見る。

生命観の新潮流、祝ノーベル賞！

ノーベル賞は受賞講演に妙がある。2004年の化学賞は、A・チカノバーら3人の研究者に与えられた。彼らはユビキチンシステムと呼ばれる細胞内たんぱく質分解のしくみを解明した。講演の冒頭、チカノバーはおもむろにルドルフ・シェーンハイマーの話からはじめた。私はひそかに快哉《かいさい》を叫んだ。シェーンハイマーは、ナチスドイツから亡命、米国で研究した。私にとって、シェーンハイマーはヒーローだが、若くして謎の自殺を遂げ、科学史的には半ば忘れ去られた存在だった。

シェーンハイマーは、同位体を使って生体物質の動きを可視化し、私たち生物が食べものを摂取するのは、単に燃料を補給するためではなく、自分自身の身体を日々、作りなおすためだということを鮮やかに示した。生命は絶え間のない分子と原子の流れの中に危ういバランスとしてある。それがこのコラムのタイトルにもある動的平衡だ。生命観の革命的転換だった。

流れを作り出すには、作る以上に壊すことが必要だ。それゆえ細胞は一心不乱に物質を分解している。チカノバーは、シェーンハイマーの遺志を継いで、壊すことの重要性を示した。

このパラダイムシフトに新しい潮流が加わった。細胞にはさらに巧妙で大規模な分解システムが備わっていた。それが大隅良典《おおすみよしのり》のオートファジー研究である。祝ノーベル賞！

風の中、今も生きている言葉

「いくつの海を飛べば、ハトは砂地で眠ることができるだろう」。「答えは風の中にある」と歌って疑問を開いたまま、ボブ・ディランはとうとうノーベル賞をとってしまった。この言葉は発表された後、様々なかたちで引用され続けた。北山修は「風」で「そこにはただ風が吹いているだけ」と詠み、村上春樹は『風の歌を聴け』を書いた。風の中に含まれているものとは何だろう。

少し前、現代美術作家・荒川修作の足跡をたどった。巨大なすり鉢状の土地に奇妙な構造物が並ぶ養老天命反転地、波打つ床とゆがんだ壁を持つバイオスクリーブハウスなどを世に問うた荒川は、1960年代からニューヨークに移り住んだ。彼のアトリエ兼住居だった古いビルがソーホー地区にある。本棚には哲学から科学までおびただしい本が残されていた。案内人が教えてくれた。「ボブ・ディランが1階に間借りしていたこともあったんですよ」。ディランと荒川は会話しただろうか。荒川は、生命について科学は何も知らない、といった。人は死なないと宣言してこの世を去った。

風の中に含まれているもの。それは切れ切れになった時間の記憶だ。輝かしい記憶。愚かしい記憶。耳を澄ますと、荒川の言葉は、細かな粒子のようになって散らばり、近づいたり、遠ざかったりしながら風の中に今も生きていることがわかる。

互いを際立たせる明と暗

世界のあらゆる現象は相互に関係し、影響を及ぼし合っている。独立しているように見えることでも、必ず何かとつながっている。でも私たちはついつい目立つことだけに注目し、その背景にあるものを忘れがちになる。

デンマークの心理学者ルビンが考案した壺《つぼ》の絵はそんなことを思い出させてくれる。中央にある白い図に視線を向けるとそれは壺に見える。ところがひとたび周囲の黒い地の部分に目を移すと、そこには2人の向かい合った人間の顔が浮かび上がる。これは図と地の関係と呼ばれるもの。互いに反転しながら、他を律し、補い合う。

明るい場所がひときわ明るく見えるためには、周囲に深い闇が必要となる。高い山をより高く際立たせるためには、両側に急峻《きゅうしゅん》な谷の落ち込みがいる。

一時期、結婚相手として「三高男」というものがもてはやされたことがあった。高学歴、高収入、高身長。女性の皆さん、よく考えましょう。そんなものに惹《ひ》かれるのはやめておきなさい。ろくなことはないですよ。なぜなら三つの高みを作るためには、その周囲に（三つではなく）四つの谷間が存在しているはずだから。三高男を一皮むけば、裏側に、四つの闇が潜んでいるかもしれない。たとえば、浪費、浮気、ＤＶ、マザコンのような。いつ反転するか、それはわからない。

「何もない」若冲の魅力

江戸時代が安定期に入った1700年代、上方《かみがた》は京都の町中に特異な才能が出現した。鳥や魚、虫や植物を博物学的な精密さで写しとりつつ、現代のグラフィックデザインを先取りするような目の覚める色彩と奇抜な配置で鮮やかに描き出した絵師・伊藤若冲《じゃくちゅう》。錦市場で青物問屋を営むも、早々と隠居し、遊びをすることも、妻をめとることもなく、ただ絵に専心した。

生誕300年となる今年、若冲は一大ブームを巻き起こしている。大規模な展覧会が開かれれば長蛇の列、京都・信行寺《しんぎょうじ》では最晩年に手がけた幻の天井画「花卉図《かきず》」が今月特別公開される。若冲の魅力はどこにあるのだろう。

ときに、若冲というこの不思議な号は中国の古典『老子』の一節に由来するという。大盈《たいえい》は冲《むな》しきが若《ごと》し、其《そ》の用は窮《きわま》らず。大きく満ちているものは何もないように見えるが、その働きは無限であるといった意味だ。

それを知ったあとであらためて若冲の絵を見るとどうだろう。小魚の群れは中空を軽やかに泳ぎ、アサガオのつるは周縁を取り巻くが中央には大きな余白がある。そう。彼の絵には空疎な抜けがある。しかし、そのあいだには、世界を支える働きがある。つまり、若冲の絵とその名が暗示することは、何もないところにこそ意味があるという真実なのだ。

進歩するもの、しないもの

大学で講義をする。黒板に細胞の図を描いていくと、背後から次々と機械音がする。カシャ、カシャ、カシャ。きょうびの学生は、ノートに筆記するのではなく携帯で写真をとってしまうのだ。私は優しいので講義ではなんでも可。何かを禁止するところからは学びは生まれないから。でも、あとでちょっとだけでも写真を見て、今日学んだことを反芻《はんすう》しようね。

彼ら彼女らを見ていると時代が変わっていることを痛感する。英語論文の講読。紙の辞書を持っている学生はほぼいない。ちょっと前はそれでも電子辞書が主流だったがそれも姿を消した。スマホが何でも教えてくれる。学生は文字を入力することさえしない。声で聞けば音声認識して調べてくれる。正しい発音だって教えてくれる。

私は穏やかなのでものごとのよい面を見る。勤務する大学はキリスト教系なのでなにかと聖書が引用される。今週の聖句は、ルカ伝3章5節。どれどれ。私のスマホには旧約・新約聖書がまるごと入っていて、すぐに該当箇所を検索できる。

みなさん、スマホのメモ帳に英語で音声入力してみてください。たとえば「word」と「world」。自分のRとLの発音がどれほどのものかよーくわかります（ネイティブが話すと一発で入力される！）。やはり世の中は確実に進歩しているのだ。

SF作家の語った真理

「つねに真実を話さなくちゃならない。なぜなら真実を話せば、あとは相手の問題になる」どんなに言いにくいことでも思い切って正直に打ち明ければ、その時点で、それはもはや自分の問題ではなく、相手（もしくはみんな）の受け止め方の問題になる、ということ。ついつい不祥事を隠したくなる私たちの心理を鮮やかに裏返してくれる、こんな言葉を見つけたのは、意外なことに、マイケル・クライトンの文章の中だった。ご存じ、クライトンはベストセラーSF作家。『アンドロメダ病原体』の、宇宙から飛来した謎の生命体に、まったくアミノ酸が含まれていないという設定のリアルさに、少年の私は完全に打ちのめされた。

琥珀《こはく》に封じ込められた太古の蚊が吸った血液から、DNA技術を駆使して恐竜を再生する。科学者は、おもわず駆け寄って手をかざす。恐竜に体温があるかどうかを確かめたかったのだ。私はうれしくなる。恐竜は、冷たい爬虫《はちゅうるい》類ではなく、温かい鳥類に近い。現代生物学が明らかにした最新の成果。クライトンは常に何でも知っていた。

それでも、私は自伝『トラヴェルズ』が一番好きだ。冒頭はこの中で明かされた盟友ショーン・コネリーとの会話から。あらゆることに成功し、同時にあらゆる反作用を受けただろうクライトンの矜《きょうじ》持がここにある気がした。11月で没後8年。黙禱《もくとう》。

進化し続ける生命、ヒトへの戒め

大学の講義で生物の進化について概説した。学生には毎回、感想や意見（レスポンスペーパーと呼んでいる）を書いてもらうことにしているのだが、中に「中高生の頃、ちゃんと生物学を勉強していなかったので新鮮でした」というコメントがあった。よかった。学ぶのに遅すぎることはない。米国の保守的な地域では、今なお、ヒトの祖先がサルであるという言説に憤慨し、公教育で進化論を教えることに反対する人々までいるのだから。

私はこう講義した。進化論が生命観としてすばらしいのは、ヒトがサルから進化したことを指摘したことではなく、生命が常に動的なものだという真実を指摘したところにある。我々ヒトは、生命の頂点に位置する完成形では決してない。これまでずっと変化し、これからも変化しつづける生命の、未完成な一形態として、永遠の現在進行形にあるものだ。

これから何百万年かの後、地球に君臨している生物は、それがどんな姿であれ、自分たちがヒトから進化したことに憤慨しているかもしれない。しかし彼らもまた不完全な生命体として、祈りを必要としているだろう。つまり進化論と宗教は対立していないし、謙虚さを悟る意味でも進化の物語は大切なのである。11月24日はダーウィンの『種の起源』が刊行された日。１８５９年の今日だった。

発見の陰に酵母菌への愛

ヒトは、父親から1セット、母親から1セット、計2セットの遺伝子をもらっている。万一、片方の情報に損傷が生じても、もう一方がバックアップしてくれるので安心だ。ところが、日本酒の醸造や製パンで使われる酵母菌の中には、ヒトの細胞とその構造は基本的に同じながら、1セットしか遺伝子を持っていないものもある。それゆえ遺伝情報の損傷がダイレクトに生命現象に影響する。

これは生物学研究にもってこいの材料なのだが、ひとつ大きな問題があった。遺伝子が重要なものであればあるほど、その損傷は致命的な結果をもたらす。菌自身が死んでしまうと研究の進めようがない。

しかしあるとき知恵者が現れた。遺伝子の損傷がごく軽微な場合、菌は通常の温度ではなんとか生育できるが、すこし高温環境になると持ちこたえられない、というまれなことが起きる。これを温度感受性変異体と呼ぶ。高温で異常を見つけ、常温で研究すればよい。

かくして細胞分裂、分泌現象など生命現象に普遍的に関わる重要な遺伝子が次々と発見された。この12月、ストックホルムでノーベル賞を受ける大隅良典のオートファジー研究もこの系譜につらなる。彼らの一途《いちず》な愛は、顕微鏡の中に小さく光る、このささやかな生命体に注がれ続けたのである。

季節はまた巡りくる

ニューヨークにおける私の研究拠点、ロックフェラー大学に立ち寄った。大統領選後、初めてである。気のせいか空気が重い。「あの……研究室内で政治の話をするのは適切じゃないかもしれないけれど、今回の結果、どう受けとめてますか？」

研究室の主任、マキュアン教授は真顔で答えた。「毎朝起きると、現実を受け入れるのがつらい。米国は何十年も逆戻りしてしまった」。結果が判明した日、教授は研究室のミーティングを急きょ取りやめるほどショックを受けたそうだ。

マネジャーの女性はウクライナ移民2世。気丈にもこう言った。「ちゃんと目を見開いて、彼がやろうとしていることを監視すべきよ。そして声を上げる。もっと私たち自身の関与が必要よ。だって半数強はヒラリーに入れたんだから」

やはり私の知っているアメリカは、トランプを支持したアメリカとは違うようだ。トランプ政権では、基礎研究に手厚いこの国の科学振興策もこの先どうなるか、皆目わからない。

とはいえ、私はアメリカの平衡感覚を信じたい。急激な変化には揺り戻す力が必ず働く。ヒラリーは敗北宣言の最後でこう言った。「善きことを行うことに倦《う》まず、心を失うことがなければ、季節がまた巡りきて、なすべき仕事がある」。これは聖書の言葉を下敷きにしたものである。

生命を守るトルティーヤ

必須アミノ酸・トリプトファンの研究集会があり、出席した。トリプトファンを巡る有名な逸話がある。

20世紀初頭、米国南部の低賃金労働者のあいだに奇病が蔓延《まんえん》した。ペラグラ。嘔吐《おうと》、下痢にさいなまれ、皮膚や口内がただれる。疲労感がつのり、幻覚が起きる。最悪の場合、死に至る。

当初、何らかの病原体による感染症が疑われた。が、人から人へうつっている気配はなかった。長い調査と研究の結果、ペラグラの原因がビタミンB3（ナイアシン）の欠乏であることが突き止められた。労働者は安いトウモロコシを砕いて食べていた。トウモロコシはトリプトファンの含量が極端に低い。ビタミンB3はトリプトファンから作られるのだ。

ならば、同じくトウモロコシを主食としている南米でなぜペラグラは稀《まれ》なのだろう。食文化に秘密があった。彼らは、トウモロコシ粉を灰やカタツムリの殻などと共に煮て、トルティーヤの生地にしていた。煮液がアルカリ性になることで、トウモロコシに含まれていたビタミンB3の原材料が活性化されるのだ。この調理法はなんと紀元前1000年ごろのオルメカ文明にまでさかのぼるという。

遺伝子が運びきれない知恵を運ぶもの、それが文化だ。文化は長い時間の中で、人のいのちを守るしくみを見つけ、はぐくみ、伝えてきた。

AIよ、生命をなめるな

大学のゼミでは学生に生命を巡る問題を調べて発表してもらっている。今回は、レイ・カーツワイルの予言。彼はAI（人工知能）の専門家。すでにAIは、将棋や囲碁のプロと互角に戦うが、まもなくその能力は、人間の生物学的総知能と同等の容量に達し、2045年には人間を完全に追い越し独自に考えるようになる。このとき社会は根底から覆ることになる。これを彼は特異点（シンギュラリティ）と命名した。

それだけではない。このようなAIに、自分の脳の中にある情報と神経回路網のネットワークをすべてそのままアップロードすれば、自分の意識はAI上に完全移植されることになり、そこで感じたり、考えたりすることができる。つまり自分はAIの中で不老不死を獲得する。

学生と議論する。こんなこと、ほんとうだと思う？　私はこの手の話にいささか食傷気味だ。生命に対する見方が根本的に誤っていると思う。人間の知能は、ビッグデータから最適解を選んだり、フローチャートを進んだりするアルゴリズムなんかじゃない。もっと同時・散発的で、不合理なジャンプや結合によってなされる。あんまり生命をなめてかからないほうがいいよ。君たちは若いから、2045年までしっかり生きてカーツワイル大予言の真偽をきちんと見届けてほしい。

他の生物を「消化する」とは

お正月のおせち料理やお雑煮はしっかりかんで食べましょう。消化がよくなるように。消化とは、食べ物を細かくして栄養を取り込みやすくする作業だと思っていませんか。実は、消化のほんとうの意味はもっと別のところにあるんです。

食べ物は、動物性でも植物性でももともとは他の生物の一部。そこには元の持ち主の遺伝情報がしっかりと書き込まれている。遺伝情報はたんぱく質のアミノ酸配列として表現される。アミノ酸はアルファベット、たんぱく質は文章にあたる。他人の文章がいきなり私の身体に入ってくると、情報が衝突し、干渉を起こす。これがアレルギー反応や拒絶反応。

それゆえ、元の持ち主の文章をいったんバラバラのアルファベットに分解し、意味を消すことが必要となる。その上でアルファベットをつむぎ直して自分の身体の文章を再構築する。これが生きているということ。つまり消化の本質は情報の解体にある。

食用のコラーゲンは魚や牛のたんぱく質。食べれば消化されてアミノ酸になる。一方、体内で必要なコラーゲンはどんな食材由来のアミノ酸からでも合成できる。だからコラーゲンを食べれば、お肌がつやつやになると思っている人は、ちょっとご注意あれ。それは、他人の毛を食べれば、髪が増えると思うに等しい。

酉年に思う、恐竜の話

干支《えと》の話をします。本年は酉年《とり》。今からおよそ6550万年前（って、いきなり何故そんな昔に話が行くのかはすぐにわかります）、映画「君の名は。」をはるかに超えるような巨大隕石《いんせき》が地球に激突した。直径200キロ、深さ20キロに及ぶクレーターから巻き上がった粉じんが地球を覆いつくし、太陽光線を遮断、気温が一気に下がった。食物連鎖の土台となる植物が光合成できなくなり、生態系は破綻《はたん》した。

最も打撃を受けたのは巨大な恐竜たちだった。当時、陸海空を我がもの顔に制していた彼らは身動きがとれなくなり、次々と倒れ、絶滅していった……。

しかしこの言い方はほんとうは正確ではない。近年の研究によって恐竜のイメージは一変した。恐竜たちはカラフルな羽毛に覆われ、あたたかい体温の維持と持続的な有酸素運動が可能で、群れを作って集団で俊敏な狩りができた。つまり恐竜は、巨大な爬虫類ではなく、むしろ鳥に近かったのだ。そして恐竜は完全に絶滅したのではなく、わずかに生き残った。その子孫が現在、そこかしこにさえずり、大空を渡る鳥たちなのである。それゆえ恐竜をしのぶのは酉年にこそふさわしい。思いをはせるべきことはそれだけではない。天変地異による長い闇をくぐり抜けて、生き延びた小型の哺乳類がいた。それが私たちヒトの祖先なのである。

ニューヨーカーに朗報も

ニューヨークの中央駅グランドセントラルの地下から郊外電車メトロノースに乗る。席は左の窓際。旅のお供は、売店で買ったチョコレートクロワッサンとカフェオレ。発車のベルもなく、電車は不意に動き出す。ミッドタウンを抜け、ハーレムをすぎてしばらくすると車窓の風景は一変する。とうとうと流れるハドソン川の水面が視界いっぱいに広がり、電車は水際ぎりぎりを走る。

食事を終え、ちょっとほっこりしていると、ゆるく曲がった川岸の遠方に突然、不気味な建造物が見えてきた。灰色の巨大なサイロのような塔が2基。なんだろう。工場かな。いや違う。あれこそはインディアンポイントだ。ニューヨークの人口密集地から50キロも離れていない。こんな至近距離に原発があるのだ。建造されてから40年超。この加圧水型軽水炉は老朽化し、たびたび水漏れや火災などトラブルに見舞われてきた。

ニューヨーカーはほとんどがヒラリー・クリントン支持だった。五番街にそびえ立つトランプタワーの主が、今後いったい何を言い出し、どんな政治を行うのか、みな戦々恐々としている。でもかたや朗報もある。ニューヨーク州は、２０２１年までにインディアンポイント原発の閉鎖を決定したのだ。今後は自然エネルギーへの転換が期待される。やればできるのである。

素数に魅せられて

東急大井町線の電車の中で真面目そうな若者が２人話していた。「こんなの知っている？　31は素数、３３１、３３３１、３３３３１も素数、これどんどん続くんだよ」「え、すごいじゃん！」。こんな変な会話をしているのは受験生？　それとも沿線の東工大の学生？　素数とは１と自分自身だけでしか割り切れない孤独な数。素数がどういう順番で出現するのかは数学永遠の謎。だから、３並び１がすべて素数になるなんて、ありえない法則なのだ。私も素数オタクなのでこの話は知っていた。３が七つ並ぶところまでは素数だが、次の３３３３３３３３１は、残念ながら17で割り切れてしまう。つまり規則は崩れる。

桁の大きな素数はそれだけで価値がある。たとえば２００桁の素数二つがあるとする。これをかけ合わせた積は計算機で簡単に算出できるが、もとの数を知らない場合、これを二つの素数に分解するには、最高速のスパコンを使っても膨大な時間を要する。そこで送り手と受け手だけが知っている素数の組み合わせを使って文字列を暗号化すれば最高難度の機密文書が作れる。ビットコインの発掘もこれに似ている。

ちなみに２０１７は素数。割り切れない。でも虚数を使うときれいに因数分解できます。$2017=(44-9\cdot i)(44+9\cdot i)$

さて今年は何かいいことあるかな。

スプーン曲げの裏に素数？

素数の続き。素数の中の素数にエマープがある。反転しても互いに素数である場合をこう呼ぶ。13と31、37と73、113と311など。ちなみに37は、現存するフェルメールの作品数。この数に魅せられて世界を巡礼してしまった。113は、アジアで発見されて周期律表に載った初めての元素ニホニウムの原子番号。今年の朝日賞に選ばれた。ただし寿命はたった0・002秒。そういえば31番はガリウム。ガリウムといえば、青色発光ダイオードの重要な原料となった元素だが、私たちの世代にはもうひとつ忘れがたい思い出がある。

なんの変哲もないステンレスのスプーン。怪しげな人物がテレビに登場し、人さし指と親指でスプーンの首の部分をつまみ、ゆっくりとこすりだした。もちろん最初は何も起こらない。ところがどうしたことだろう。スプーンがぐにゃりと曲がりはじめたではないか。とうとうスプーンはポキリと二つに割れてしまった。ちょ、超能力!?　子どもだった私たちはすっかりだまされてしまった。

おそらくスプーンはガリウムで出来ていたのだ。ガリウムは銀色の硬そうな金属。一見、ステンレスと見分けがつかない。ところがたった30度で溶けてしまうのだ。つまりスプーン曲げは手品にすぎなかった。あの頃、もっと科学の知識があったらなあ。

心血注がれた治療薬なのに

C型肝炎治療薬の偽物が出回っているという。本物の容器の中身だけをすり替えているらしい。犯人はこの薬の開発に、どれほど熱い科学者たちの心血が注がれているか、思いをはせたことなど一度もないだろう。

1990年代の初頭、私はニューヨークのロックフェラー大学で研究修行していた。あるとき隣に大きな一団が引っ越してきた。チャールズ・ライス率いる研究チームだった。彼らが何をしているのか私は興味を持った。

ときはあたかも新時代の幕開けだった。A型でも、B型でもない未知のC型肝炎がある。世界中の研究者が血眼《ちまなこ》になって探索を進めたが、杳《よう》としてその姿が捕まらない。あるバイオベンチャーがとうとう敵の尻尾をつかんだ。ウイルスそのものではなく、核酸の断片を拾い上げたのだ。わら倉庫の中から小さな針を探し出すような作業だった。ライスたちはこれを手がかりにウイルスの増殖機構の研究に取り組んだ。以来10年以上、やっと試験管内でウイルスの複製が再現できた。

このシステムを使って薬が探索された。宝物を掘り当てたのは小さなバイオ企業の研究者マイケル・ソフィアだった。これが画期的な治療薬となった。彼は言っている。「私は貧しい移民の子でした。両親に学歴はなかったけれど、私に学ぶことの大切さと勤勉さを教えてくれたのです」

天才導ける米国の強さ

オリンピックと同じく4年に一度しか開催されないフィールズ賞授賞式。数学界のノーベル賞として名高い。過去、一度も女性が受賞したことはなかったが、前回、つまり２０１４年、初めてこの見えざる天井が破られた。彼女の名は、マリアム・ミルザハニ。リーマン幾何学の新しい成果が表彰の対象となった。その内容は私にもちゃんと説明できない。が、数学における達成はどこかアートに似て、意味はわからずとも、人の才能の最高の発露としてそこに美を感じることができる。

マリアムは１９７７年生まれ。小さいときから天才の誉れ高かった。国際数学オリンピックで２年連続金メダル。

しかしいかなる天才であっても、その才能がほんとうに花開くために必要なことがただひとつだけある。それは、天才に未知の問題のありかを知らしめる優れた導き手の存在だ。天才が解くべき問題の所在はかつての天才でないと示せない。これは科学のどんな分野にもいえる。

マリアムはハーバード大学に留学した。そこでフィールズ賞数学者カーティス・マクマレンの薫陶《くんとう》を受けた。米国の強さの秘密がここにある。最高の原石を最高のメンターが磨く。それが正のスパイラルとなる。マリアムは現在、スタンフォード大学の若き教授だ。トランプはイランから来たマリアムを知っているだろうか。

3

「記憶にない」ことこそ記憶

2017.2.23 ……… 2017.9.21

壁だらけでも最良の日々

ポスドク、という職業をご存じですか。ポストドクトラルフェローの略。日本語に訳すと博士研究員。理系の研究者は一人前になるまで時間がかかる。大学の学部4年、大学院5年、20代ももう後半。やっと博士号を取得するが、それはゴールでも褒賞でもない。単なる運転免許証だ。

先輩が戯《ざ》れ歌を教えてくれた。博士号とかけて、足の裏についたご飯つぶ、と解く。その心は？ とらないと気になるが、とっても食えない。そう、まだまだ運転はおぼつかない。さらに修行期間が続く。それがポスドク。どこかの大学や研究機関に雇われて、研究の実行部隊を担う。いわば傭兵《ようへい》だ。

まだメールもネットもなかった時代。たくさん手紙を書き、たまたまニューヨークの研究所に拾われた。わずかな給料で、ボロ雑巾のようにこき使われる。怖いボスが常に成果を要求する。言葉の壁と文化の壁。せっかくニューヨークに住んでいるというのに自由の女神にもエンパイアステートビルにも行く余裕がなかった。

自分が好きで選んだことに、ただひたすら、ただ一心に、脇目もふらずに取り組むことができる期間。それがどれほど貴重なものであるか、疾風のただ中にいるときは気がつかない。今、振り返ってみるとよくわかる。それは人生最良のわずかな瞬間だったのだ。

途切れた生命の連鎖

文部省唱歌「春の小川」は、昔、東京の渋谷付近の田園を潤していた清流をモデルにしているという。北斎《ほくさい》の冨嶽三十六景にも近くの小川を題材にした「隠田《おんでん》の水車」がある（隠田は現在の原宿あたり）。水しぶきを飛ばしながら勢いよく回る水車と、周りに集う人々が生き生きと描かれている。この川は現在の新宿御苑や明治神宮の湧水《ゆうすい》を水源とし、歌や絵にあるとおり、さらさら行く流れの中に、エビやメダカの群れ、あるいは子亀（北斎の版画の隅にいる）が遊ぶような、いのちあふれる場所だった。初夏にはホタルも飛び交っていたという。それが今では見る影もない。先のオリンピックを機に、東京中で河川が暗渠《あんきょ》化されて地中に封じ込められてしまったからだ。

見えなくなった流れは我々の記憶から遠ざかろうとするが、流れもまた環境から切り離されてしまうことになる。まず、太陽の光が届かない水には植物性の微生物が育たない。ついで、それを餌にする動物性プランクトンや小さな貝もいなくなる。すると貝を食べていたホタルの幼虫も生息できない。かくして生命の連鎖は途切れ、いきものは次々と退場を余儀なくされていった。これが現在の東京だ。

次のオリンピックに向けて東京に再び流れを取り戻そうとする気運があるという。私はそこにかそけき光を求めたい。

未知の生命体が問うものは

生命が生存しうる水と温度をもつ可能性のある太陽系外惑星が一挙に複数個、発見された。もしその天体に生物がいるとしたら、それはどんな姿をしているだろう。まさかイカやタコのような宇宙人であるはずはない。まだ、海中に漂うプランクトンみたいな段階にしか到達していないかもしれない。しかし油断は禁物だ。

SF作家マイケル・クライトンの小説にこんな一節があった。科学者が未知の細菌を顕微鏡で観察していたら、細菌はくっついたり、離れたりしながら、"Take us to your leader"という文章を作った！ つまり、相手が一見、原始的に見えたとしても、あなどってはいけないということである。

それどころか、太陽系外惑星の生命体は、地球とは全く異なるプロセスを経て進化を遂げている可能性がある。細胞やDNAすら持たないものかもしれない。可視光では見えなかったり、ガスのように一定の形を持たないものだったりすれば、たとえ出会えたとしても、私たちは相手をすぐに生命体と認識できないだろう。にもかかわらず知性をもつ存在だとすれば。

つまり、未知との遭遇は、自らを最高に知的な生物であると信じて疑わない我々を謙虚にするだけでなく、生命の定義を根本から考え直さなければならないほどのパラダイムシフトをもたらしうるのである。

自然への安易な介入で

琵琶湖畔にアトリエを持つ写真家の今森光彦さんを訪ね、彼の案内で里山を散策した。ほとんどの斜面はスギの造成林に覆われ、寒々しく閉ざされていた。マスクが手放せない花粉症の私も暗い気分になる。

元昆虫少年つながりで、話は自然と虫の話になる。「このあたりにもギフチョウの発生地が点々とあったのですが、それが消えつつあるんです」。そう今森さんは言った。ギフチョウは春の女神とも呼ばれる可憐《かれん》なチョウ。いまや日本では希少種になりつつある。その理由はなんとシカにあるという。ギフチョウの幼虫の食草カンアオイをシカが食べ尽くしてしまうのだ。

シカが増えすぎた理由。それはオオカミの絶滅や温暖化の影響など複数の要因によるものだが、主因もやはり人間の営みにある。スギだ。私たちは高度成長期に天然林を大規模に伐採し、スギに代表される針葉樹林に変えてしまった。幼木が成長する期間は日当たりがよく、下草や低木が豊富に育つ。これがシカの生育に最高の環境を与え、個体数が爆発的に増えた。

しかしひとたびスギ林が完成すると樹冠が閉ざされ、暗い林床に下草は育たなくなる。エサ場を追われたシカは人里へ下りてこざるを得ない。つまりシカによる食害は、人間が自然に安易に介入した結果、動的平衡が乱れ、そのリベンジ効果がもたらしたものなのだ。

偏見の源、脳が作る物語

米国ロックフェラー大学の私の師にあたるB・マキュアン教授のドアにはこんな標語が貼ってある。「発見の障害になるのは無知ではなく既知である」。知っているつもりのこと、すなわち偏見が、真実を見る目を覆い隠してしまうことはよくある。

先日、ネットニュースを見ていたらこんなほほ笑ましい話題があった。英BBCテレビの番組で、韓国問題の専門家のR・ケリー准教授（×）が自宅書斎から生中継で解説を行った。ケリー准教授がスーツに身を包み、難しい顔で語っている最中、突然背後のドアから、何も知らない幼子が踊りながら闖入《ちんにゅう》してきたのだ。この「放送事故」はそのまま世界中に放映された。

しかし、それだけではなかった。慌てて（●）書斎から子どもたちを連れ出した韓国人女性は准教授の妻だったが、多くの視聴者やマスコミ関係者は、はなから彼女をこの家の子守りだと思い込んでネットに書き込みをした。

盲点はほんとうにある。右目を閉じ、左目だけで文中のバツ印を見つめながら、紙面に接近してほしい。黒丸がふっと消失する地点がある。網膜の中に視細胞がそこだけ欠落した穴があるのだ。私たちがふだん視界の中にある盲点の存在に気づかないのは、脳が絶えず画像を補っているからである。脳が勝手に作り出す物語。それこそが偏見の源といえるのだ。

学問の自由、そこにも進歩

私は、日本と米国双方に研究の拠点があり、行き来することが多いのだが、先日、ふと思った。私が、自分で研究のテーマを決め（生命の動的平衡について）、立場を表明し（機械論的な生命観に反対する）、表現の方法を選びとる（論文、著作、あるいはこのコラムのように）ことができるのは、その自由が保障されているからだ。

日本国憲法第23条に、気持ちがよいくらい端的に記されている。学問の自由は、これを保障する、と。しかし私が米国内にいるときは？　米合衆国憲法は、学問の自由を保障しているのか。もしそうだとしても、米国民でない私は合衆国憲法の庇護《ひご》下にあるのだろうか。トランプが大統領になったので、なおさらそんなことが頭をよぎったのかもしれない。

調べてみると、合衆国憲法には、学問の自由に特化した条項はない。言論・出版の自由に含まれるとされているからだ。そして、米国における外国人の私にも、言論・出版の自由は保障される。なぜならこれは人権であり、国民でなくても人であれば、人権は保障される。なるほど。

そしてもちろん、逆の場合も成り立つ。日本国憲法は、国民でない外国人に対しても、人権として、学問の自由を保障する。明治憲法にこの規定はなかった。私たちはちゃんと進歩してきたのだ。

言語が脳に刻みこむ論理

言語の役割は何か？　はい、コミュニケーションの道具です。それはそのとおりだが、実はもっと重要な作用を人間に及ぼしている。言語は、人間がものを考えるための道具でもある。その結果、言語は、概念を作り、人間の脳に、その言葉固有の神経回路を生み出しうるのだ。

米国のミーティングにて。英語のネイティブスピーカーがこう話した。rightとprivilegeは何が違うでしょう？　受験英語的には、前者＝権利、後者＝特権、と暗記させられたから、似たようなものかなと思ってしまう。ところがフロアの人々（これも英語のネイティブスピーカー）は、当然のことのように、rightはもともと人間に備わった権利だが、privilegeは本人の努力によって得られるもの、と口にした。

ああ、なるほどね。みなさんは、言葉でそのように現実世界を切り分けているんですね。それは同じ言葉で育つ小さな子どもの頭にも刻み込まれる。たとえば当地の子どもは、携帯電話を使えるのは、あなたのもともとのrightではなく、privilegeだと厳しく教えられる。宿題と予習を終わらせてから初めて親から付与されるものだと。

論理（logic）という単語の起源が、言葉（logos）だということを思い出した。何でもかんでも切り分ければいいとは限らないのだが……。

シャーレに輝く星々

生物学の実験は、——相手がなまものであるがゆえ——、ほとんどの場合、思い通りの結果にならない。だから研究者は失望が習い性になる。ああ、やっぱりうまくいかなかったなあ、と。

一方、それゆえ、ほんのささいなことにも喜びを得られるようになる。分子生物学では、大腸菌がツールとして使われる。切り貼りした遺伝子断片を大腸菌に託して増やしてもらうのだ。だから大腸菌にはちゃんと育ってもらわないと困る。大腸菌を含んだ液をシャーレの中の寒天培地の上に薄く塗布する。大腸菌は寒天培地の上では自走できないのでその場にとどまる。大腸菌は体長1マイクロメートルしかないので、この時点ではもちろん肉眼では見えない。

温度や栄養の条件が良好だと、大腸菌は20分ほどで1回細胞分裂する。そのまま2倍、4倍、8倍……と増えていく。シャーレを恒温器の中に一晩いれておいて、次の日の朝、シャーレを光にかざす。すると増殖した大腸菌が点々とコロニーを形成しているのが目で見てわかる。それはまるで夜空の星々のように、かそけき輝きとして光って見える。実験がうまく進行している証《あか》しでもある。このとき研究者は、それがまるで天から授けられた貴重な贈り物のように感じる。「恩寵《おんちょう》のひとつのかたちとして」（Ⓒ村上春樹）。これは全く大げさではない実感である。

宇宙人とセピア色

米国に行った折、「Arrival」というSF映画を見た（邦題「メッセージ」で5月公開予定とのこと）。突如、巨大な宇宙船が地球にやってくる。来訪の目的を探るため、女性言語学者が雇われる。宇宙人の言語は、表音文字ではなく表意文字のようだ。つまりアルファベットより漢字に近い。

相手の言葉を理解するにつれ、主人公の時間感覚が徐々に乱されていく……。言語が時空の認識をも変えうる、という深遠なテーマを扱っている映画なのだが、あろうことか（意図的なのか）宇宙人の姿はイカともタコともつかない多足型生命体で、墨を吐いて文字を作る（笑）。

それで思い出したことがある。セピア色のセピアとはイカの学名と同じ由来だってご存じでしたか。真っ黒なイカの墨はしばらくすると退色して褐色になる。これがほんとのセピア色。主成分は、ホクロの黒や日焼けして黒くなるときのメラニン色素。原料はアミノ酸である。それゆえ食べても大丈夫だし、うまみもある。

映画の話に戻ると、宇宙人の意図をはかりかねた中国とロシアは攻撃態勢に入ろうとするが、ついに宇宙人の言葉を読み解いた言語学者は衝突を回避しようとする。だが時間がない。時間を超える方法はただひとつ……。なかなかの佳作SF。見終わったあと急におなかがすいて、イカ墨パスタが食べたくなった。

ババアとジジイの存在が

「文明がもたらしたもっとも悪しき有害なものはババァなんだそうだ。女性が生殖能力を失っても生きてるってのは、無駄で罪ですって」とかつて発言したのは、石原慎太郎元都知事。当然のことながら大きな反発を引き起こし、女性グループによる訴訟に発展した。裁判所は発言を不用意としたものの、名誉毀損《きそん》とまでは認めなかった。

オランウータンやアカゲザルには更年期があり、シャチやクジラの一部には閉経後も生きる種がある。とはいえ、生殖期間が終わった後、30年にもわたる長き「老後」（オスを含めて）が存在する生物は確かにヒトだけ。しかしこれは決して無駄でも罪でもない。進化史上、有利だったからこそその特性が保存されたと考えなくてはならないからだ。

その有利さとは何だったのか。おそらくは、次の世代が子育てするのを手伝い、経験や知恵・知識を、——遺伝子とは別のかたちで——、手渡すことが、ヒトが生き延びるうえで欠くことのできない価値をもっていたのだ。

つまり、石原氏の発言はむしろ逆で、ババアおよびジジイの存在がもたらしたものこそが文明だったのである。そして問題の所在は、3・11以降、その過度の発展が、ブーメランのごとく、自らの生存を脅かすまでにリベンジを開始してきたところにある。真の知恵が試される時がきた。

オシドリ夫婦、ヒトならば……

連休の一日。公園の水辺の木陰にオシドリのつがいを見つけた。雌は茶色の地味な姿。対して雄は派手めのあで姿。その雄が懸命に雌に付き従い、たえず寄り添っている。

他の雄が近づこうとでもすれば、必死になって追い払い、猛禽類《もうきんるい》が空を舞えば、尾羽を打ち震わせ、自分が手負いであるかのようなふりをして、雌を敵の目からそらす。

まさに夫婦相和し、の象徴たるオシドリだが、実はこの仲むつまじさも、まもなく雌が卵を生むまでの、束《つか》の間だけの愛。卵を温めることにも、ひなを育てることにも、雄はまったく協力することはない。それどころか、あれだけ尽くしていたにもかかわらず、雄は、あっさり別の雌を見つけに行く。次の春に向けて、雄は毎冬、パートナーをとりかえるのだ。雌もまた同様。つまりオシドリは、みじんもオシドリ夫婦ではないのである。

だからといってここから何か生物学的な原理原則を――たとえば浮気の正当化を――、人間社会に一般化するつもりはさらさらない。それは危うい思想である。ヒトは、遺伝子の命令から自由になれたはじめての生物である。子孫を残すことだけが生物種《しゅ》にとって唯一の目的ではないと知り、むしろ、個体の生の充実に意味を見出《みいだ》した。弱肉強食ではなく、個々の生命の尊厳と平等に価値を付与した。それがヒトの文化というものである。

初恋の絵画、双眼鏡で堪能

ゴールデンウィークは、ニューヨークに出かけ、フリック・コレクションで、初恋の絵画とゆっくり再会した。この美術館、所蔵作品は門外不出なので（持ち主の遺言である）、わざわざ来たのにお目当ての作品が貸し出し中で見られなかった、ということがない。

私が会いたかったのは、フェルメールの作品。ずっと昔、ニューヨークの研究所で修行していたある日、ふらりと立ち寄った。生まれてはじめて、ほんもののフェルメールと対面したのがこの場所だった。焦燥と不安とプレッシャーで押しつぶされそうな心に、澄んだ静けさと柔らかな光をもたらしてくれた。あのときと全く同じように、美術館の内部は、しんとした空気に満たされている。

絵に近づき、さらに双眼鏡で覗《のぞ》いていたら、つかつかつかと係員が歩み寄ってきて「ここは写真禁止です」と告げられた。あ、確かに怪しいかも。でも、これはカメラではないんです。近距離焦点の双眼鏡なんです。50センチ先の対象物にもピントがあう。もともとは虫や花など自然観察用に開発されたものだが、美術品の鑑賞にもってこい。細部が手に取るようにわかる。「稽古の中断」の中に描かれた楽譜の音符まで読めそうだ。時は17世紀中盤。フェルメールの絵の中で奏でられていた曲はどんな音色をしていただろうか。そうだ、この際、解読を試みてみるのも一興かもしれないな。

北斗八星、かそけき光

たまに夜空を見上げてみる。北斗七星を探す。あったぞ、あれだ。さて、ひしゃくの柄の先端を7番目の星とすると、ひとつ手前の6番目の星。この星にはミザールという名前がついている。見えるのに、見ざーるとはこれいかに？

実は、ミザールのすぐ横に、もうひとつ小さな星があり、アルコルと称す。つまり、ひしゃくはほんとうは北斗八星なのだ。14世紀のアラビアでは、兵士の視力検査として、この二つの星がちゃんと分離して見えるかどうかが試されたそうな。どういう風にテストしたのだろう。「七つ星のうち、よく見ると二つの星からなっているのはどれだ」とでも聞いたのかな。

残念ながら、今のわたしにはミザールとアルコルを峻別《しゅんべつ》することはできない。目を凝らしても、涙でにじんだようにぼんやりとした、かそけき光しか見えない。やんぬるかな、視覚は年齢とともに衰えていく。レンズの厚みを調整してピントを合わせる能力も弱まり（これが老眼です）、光や色に対する感受性も減少していってしまう（故に靴下を間違えたりする）。網膜にならぶ錐体《すいたい》細胞という検出器が衰えてしまうのだ。

ああ、自然界にあるすべてのものが、くっきりとした輪郭をもって見えていた少年の頃がなつかしい。そのかわり、年齢とともに、せめて、見えざるものに思いをはせる思索の深度が、いくばくかふかまったと思いたい。

成層圏の叙情が打ち破られる

北朝鮮が発射するミサイルは、上空2千キロメートルに達するものもあるという。そこから急降下してくる。こんなニュースを聞くと、不謹慎かもしれないが、我ら科学オタクの心の中には、見えない巻き尺がするすると地表から天に向かって伸び始める。絵本作家のかこさとし的想像力と言ってもよい。

標高8キロメートル。ヒマラヤ山脈があり、まだ人間が歩いて到達できる世界。その上の10キロメートル空域はジェット旅客機が飛ぶ。エンジンを燃やす酸素はまだ存在するが、空気抵抗は小さくなる高度。そこから先は成層圏。不思議なことに成層圏では高度があがるほど気温が高くなる。オゾン層が紫外線を吸収するからだ。成層圏には夏と冬で方角が入れかわる雄大な季節風が吹き渡っている。青空の果てにそんな叙情的な世界が広がっているのだ。

成層圏が終わる高度50キロメートルの先は、中間圏、熱圏と呼ばれる層がある。ラジオの短波を遠くへ運ぶ電離層もこのあたり。宇宙飛行士・若田光一さんたちがスペースシャトルで行き、長期間滞在した国際宇宙ステーション（ＩＳＳ）も熱圏内の高度４００キロメートルにある軌道を周回している。

ミサイルが破壊するものは地表の標的物だけではない。成層圏の叙情や異国の音楽や宇宙のロマンを強引に打ち破って一気に突き進んだのだ。

「存在しない」の証明は

存在を証明することよりも、非存在を証明することの方が難しい。前者の問いは、とにかく八方手をつくしてそれを求め、ついに発見することができれば、存在を証明できる。

肝炎にはその症状からA型とB型があり、それぞれ原因ウイルスがいる。しかし、肝炎患者の中には、A型にもB型にも分類できない「非A非B」型があった。ならばこの患者には、新型のウイルスが存在するのではないか。かくして世界中の科学者が血眼《ちまなこ》になってウイルスを探したが、杳《よう》として見つからない。皆が諦めかけた時、ある科学者が不思議なことに気づいた。肝炎にかかったサルの血液中に、サル自身のものとは異なる遺伝子の小さなかけらを見つけたのだ。これが、非A非B型、つまりC型肝炎ウイルス発見の端緒となった。

一方、後者の問い。牛海綿状脳症（いわゆる狂牛病）は、動物から動物に感染し、流行の型も複数あることから、当初、病原体としてウイルスが疑われた。が、電子顕微鏡でくまなく探査してもウイルスはいない。私もウイルスを探したひとりだったが、今ではウイルス説はすっかり追いやられ、変性たんぱく質が原因だとするプリオン説が定着した。しかし、探しても見つからないからといって、非存在を証明したことにはならない。自然は隠れることを好むのだから。私はひとりそうつぶやく。

季節の訪れ、チョウは知る

そろそろかな。朝、通勤の途中にある茂みに目をむける。一抱えほどある低木。ミカンの木だ。新芽から出来た葉っぱは、みずみずしい若緑に光っている。昆虫少年だった頃の習慣で、そんな葉先を見ると、すばやく目を走らせてしまう。まだだな。そう、毎年今頃、アゲハチョウがやってきて卵を産みつけるのだ。卵は金色の小粒。そこから出てくる幼虫はこげ茶色。最初はほんの数ミリしかない。我が姿を、鳥のふんに似せて身を守っているという。ご丁寧にも、中ほどに白い斑紋《はんもん》が交じっていて、ほんとうにそっくりだ。このあと何回か脱皮して、緑色のイモムシになり、さなぎを経て、可憐なチョウになる。これほど見事な変身もない。チョウはパートナーを見つけ、またミカンの木に産卵に戻ってくる。毎年夏の間、このサイクルが繰り返される。

さて、ではその年、暖かくなると現れて、一番最初の卵をミカンの葉に産み落とすチョウはどこから来るのだろう。「鶏が先か卵が先か」ならぬ、チョウと卵の問題。その答えは、秋の終わりにある。幼虫は急いで葉っぱを食べたあと、安全な隠れ場所を探してさなぎになり、そのままじっと冬を越す。虫たちにとって情報とは環境の変化量である。彼らは昼と夜の気温差を鋭敏に察知して季節の訪れを知るのだ。私たちも、空気を読むのではなく、風の歌を感じたい。

家を持つ自由、持たない自由

同じコストを払いつづけるなら家賃ではなく、ローンを払って最後は自分の持ち家になる方がよい。いやいや、人生、いつ何時、何が起きるかわからないから、巨額の借金など背負わず、住みたい場所に住める方がいい。持ち家VS賃貸は、住まいをめぐる永遠の論争らしいが、迷うときは生物学にまなぼう。

登場するのは、ナメクジとカタツムリ。一見、ナメクジが進化して防衛防御のため殻を作り出したように思えるが、さにあらず。カタツムリがその殻を捨てたことによって誕生したのが、ナメクジなのである（どうしてそんな順番がわかるかって？　良い質問だ。それは殻の痕跡をいまだ残したナメクジが存在するから）。

では、なにゆえカタツムリは殻を捨てたのか。「持ち家」の負担に耐えかねたからである。殻を作り維持するには膨大なカルシウム摂取とエネルギーが必要。いっそ殻を脱げば、そんな苦労もないし身軽、隠れたいときは隙間にも潜れる。すると新しい餌にもありつける。

ってことは、賃貸派の勝ちってこと？　いいえ、違います。大切なことは、たった今、ナメクジもカタツムリもちゃんと共存共栄しているという事実。どちらが有利・不利ということではなく、選択の自由があり、生き方の違いが許されていること。これが生物多様性の要諦《ようてい》である。

「記憶にない」ことこそ記憶

「記憶にない」とはどういうことなのか。生物学的に考えてみたい。その前に、記憶とはどこにあるのか。脳の中のフォルダーに、ミクロなファイルが蓄積されているのだろうか。答えは否である。記憶は物質ではない。もしそうなら、生命を構成するあらゆる物質は絶え間のない動的平衡の中にあるから、記憶などたちまち失われてしまう。

記憶は物質ではなく、脳細胞と脳細胞のあいだにある。シナプスで連結されてできた脳細胞の回路に電気が通るたびに「生成」されるのが記憶だ。

昨夜、飲んだ後、どのように帰ったのか思い出せない。こんなことがある。前後の状況を結ぶ回路はあるのに、真ん中の線に電気がうまく通らないのだ。「記憶にない」ことは、実は前後の記憶があるからこそ認識できる。記憶にないことこそが記憶なのである。欠落は、欠落を取り囲む周縁があって初めて欠落とわかる。

だから「記憶にない」のは、記憶があってしかるべきなのに、うまく思い出せませんという、一種の二日酔い状態であることを告白しているにすぎない。あるいは、実は記憶にあることを、うそにならないよう言い繕うときに使うための見え透いた方便でしかない。全く身に覚えがないことなら、端的に「やっていません」「言っていません」といえばすむことである。

命の美しさ、感じる心こそ

子どもの育ちにとってもっとも大切なものはなんだろう。それは早々と九九が言えたり、英語がしゃべれたりすることではないはずだ。知ることよりもまず感じること。そう言ったのは、卓越した先見性をもって環境問題に警鐘を鳴らした生物学者レイチェル・カーソンである。彼女は「センス・オブ・ワンダー」という言葉を使った。驚きを感じる心、とでも訳せようか。何に対する驚きか。それは自然の精妙さ、繊細さ、あるいは美しさに対してである。

自然とは、アマゾンやアフリカのような大自然である必要は全然ないと思う。ほんの小自然でよい。近くの公園や水辺？　いや、コンクリートに囲まれ、空調のきいた部屋に住み、電脳世界に支配される私たちにとって、もっとも身近な自然とは、自分自身の生命にほかならない。私たちはふいに生まれ、いつか必ず死ぬ。病を得れば臥《ふ》し、切れば血を流す。これこそが自然だ。そして私の生命はいつもまわりの自然と直接的につながっている。

心臓の鼓動がセミしぐれの声に、吐いた白い息が冷たい空気の中に、あふれた涙がにじんだ夕日に溶けていくことを感じる心がセンス・オブ・ワンダーである。それは大人になってもその人を支えつづける。私の好きな高野公彦に次の歌がある。〈青春はみづきの下をかよふ風あるいは遠い線路のかがやき〉

オシャレだけどこの違和感

電車に揺られながら読んでいた本からふと顔を上げると、目の前にすらりとした女性が立っていた。自他共に認めるオシャレさんなのだろう。ダークグレーの服装も、青色のハンドバッグも、ピカピカの黒い靴も、いずれも名の通ったブランド品で、高額のものに違いない。そのまま私は、彼女の脇をすり抜けて次の駅で下車してしまったが、何かしら、うまくのみ込めない違和感が残った。あれほど気合いが入ったコーディネートなのに……。

何日かあとに、街路樹のクスノキのこずえを忙しく飛び回るアオスジアゲハの姿をみたとき、その違和感の理由に思い至った。もし、君（アオスジアゲハ）ならば、あんな色の取り合わせは、決してしないはずだよね。

配色だけではない。たとえば、ウンモンスズメというガの一種の翅《はね》の見事さはどうだろう。褐色の地に、墨汁をたっぷり含んだ毛筆で優美なにじみ紋様を描いたあと、流線形の先端にちょんと濃い黒点を置く。篠田《しのだ》桃紅《とうこう》もかくやと思えるほどの出来栄えである。

そう。私の審美眼の基準は、いずれも少年の頃、目に焼きついたチョウやカミキリムシの姿、つまり自然が作り出したデザインに由来している。そこからの逸脱は奇異に映るのだ。笑いたい者は笑うがよい。されど私は、人生にとって大切なことはすべて虫から学んだ。

放課後は書庫の迷宮へ

ネットもグーグルもなかった頃、小学校放課後の遊び場は近くの公立図書館だった。あるとき裏に書庫があることを知った。貸し出しカウンターで許可をもらい、狭い通路を抜ける。その先が書庫だった。窓のない、ほこり臭い部屋にずらりとならんだ本棚。鈍く光る蛍光灯。狭い階段で上下階につながっている。以来、そこに入り浸った。

ほどなく日本十進分類法を理解した。すべての本には番号が付され、分野ごとに分類されている。私のお気に入りは400番台。自然科学の本。このうち、昆虫は486番だ。その場所は書庫の奥の奥。ようやくたどり着く。このあたりまで来ると全く人気《ひとけ》がない。ちょっと怖い気もしたが、すべての書物が独り占めだ。ここで私は本棚にもたれながら、閉館のチャイムがなるまで一心にページをめくった。普段は手の届かない、田淵行男の高山蝶の稀覯本《きこうぼん》を見ることもできた。

でも今にして思えば、大切なものは、いくつもの書架の間を通り抜けていく、その行程にあったのだ。本棚からは、奇妙な背表紙が次々と呼びかけてくる。人名、地名、不思議なタイトル。「関東ローム層」って何だろう。「大佛次郎《おさらぎ》」って誰だろう。「サマルカンド」ってどこ。書庫的な迷宮、日本十進分類のような地図、そしてしばし私の足を止めた道草。それらはすべてネットやグーグルによってすっかり漂白されてしまった。

外来種、一番迷惑なのは……

南米原産のヒアリが日本各地で発見された。まるでエイリアンが襲撃してきたかのような騒ぎだが、少し冷静になった方がよいかもしれない。

我々はなぜかムシの話題に過敏だ。数年前、デング熱ウイルスを媒介する蚊が潜んでいるとして代々木公園が一時封鎖された。もう少し前には、セアカゴケグモという毒グモの日本侵入が連日ニュースをにぎわせた。

蚊は今も飛び交っているはずだが、代々木公園には平穏が戻り、セアカゴケグモも着実に日本各地へ分布を広げているのだが、私たちはすっかり忘れている。

たしかにヒアリは毒針を持つが、アリはそもそもハチの一種なので、アリが刺すくらいのことはいくらでもアリうる。そして人が指先でつまみでもしないかぎり、好戦的に攻撃をしかけてくることもない。それをいうならスズメバチの方がよほど凶暴だ。いちど、私は巣の様子を見ようとちょっと近づいたところ、いきなり警戒バチにスクランブルをかけられた。慌てて逃げようとしたが、悲しいかな運動音痴、一気に耳を刺された。

どんな固有種も、最初の生命が海で生まれた以上、もとは外来種である。そして、1億年以上前からこの地球に生息しているムシたちにとって、一番迷惑な外来種はヒトである。ヒアリの移動も人間のせいだ。私たちはもっと謙虚であるべきなのだ。

作ることは、壊すこと

伊勢神宮と法隆寺、どちらが生命的だろうか？　ある建築家と話していて、こんな奇妙な議論になった。私が、生命を生命たらしめているのは、絶えず分解と合成を繰り返す動的平衡の作用である、と言ったからだった。20年に1回、新たに建て替えられる伊勢神宮の方に一見、分があるように思える。が、法隆寺の方は、世界最古の木造建築といわれながら、長い年月をかけてさまざまな部材が常に少しずつ更新されてきた。その意味で、全とりかえをする前者よりも、ちょっとずつ変える後者の方がより生命的ではないか。これが私の意見である。

ところで世間では、しばしば、解体的出直し、といったことが叫ばれるが、全てを解体しなければニッチもサッチもいかなくなった組織はその時点でもう終わりである。そうならないために、生命はいつも自らを解体し、構築しなおしている。つまり（大きく）変わらないために、（小さく）変わり続けている。そして、あらかじめ分解することを予定した上で、合成がなされている。

都市に立ちならぶ高層ビル群を眺めながら思う。はたしてこの中に、解体することを想定して建設された建物があるだろうか。作ることに壊すことがすでに含まれている。これが生命のあり方だ。そろそろ私たちも自らの20世紀型パラダイムを作り替える必要があるのではないだろうか。

青のセンス・オブ・ワンダー

青という色に惹《ひ》かれる。フェルメールや北斎が好きなのもその青が美しいからだ。フェルメール・ブルーは、高価な青い鉱物ラピスラズリを砕いて作ったウルトラマリン。にじんだように広がる北斎ブルーは、ベロ藍と呼ばれ珍重された鉄イオン化合物である。

記憶の糸をたどると、私の原体験は自然が作り出した青に行き着く。ルリボシカミキリという小さな甲虫を見て、その優美な長い触角と輝くような深い瑠璃《るり》色に魅せられた。センス・オブ・ワンダー、つまりこの世界の精妙さに対する驚きと言ってもよい。

ところで、食べものを眺めると、赤、黄、緑は数あれど、青いものは見あたらないなあ。いや、そんなことはないって？　ほら、この時期、みんなが食べているソーダ味のアイスキャンディー。涼し気な青色。あの青はどこから来ているのか。ひょっとして人工的な着色料？　いえいえ。意外なことに、あの青もまた自然が作り出した色なのだ。

太古の地球に誕生し、いまだに生息している微小な藻類にスピルリナがいる。顕微鏡で覗くとコイルみたいに見える。この藻類が光合成に使っている色素フィコシアニン。純化して取り出すと、鮮やかな青色を放つ。これが使われている。緑色野菜と基本は同じなので食べても大丈夫。こんなところにも小さなセンス・オブ・ワンダーが潜んでいた。

生命とは、西田哲学の定義

生物学者はもともと、小さないのちが好きで科学を志したから、つい細部に目が行き、些事《さじ》にこだわり、それを深く追究する傾向にある。けれども、ほんとうは、もっと大きな問題に答えたかったはずなのだ。とりもなおさず、生命とは何か、という問いである。私は分子生物学を研究しつつ、絶えずそのことを忘れないようにしてきた。京都で学んだからかもしれない。

数年前、ある哲学者から「京都学派の始祖・西田幾多郎《にしだきたろう》（1870〜1945）の生命観は、福岡さんの動的平衡論と似ている」と指摘された。そこから難解な西田哲学の読解が始まった。

西田哲学は決して机上の空論でもないし、形而上《けいじじょう》の言葉遊びでもなかった。極めて実践的な、自然の内部に立った自然の記述に、真っ向勝負で挑んでいた。

息を吸う行為にはすでに吐くことが含まれており、心臓から血液が送り出されるとき、同時に血液は心臓に送り込まれている。合成と分解、酸化と還元、結合と切断。逆向きの二つの作用は、互いに図と地の関係にあって、一方に着目すると他方は隠れて見えなくなるが、決して対立しているわけではない。むしろ補い合っている。これを西田は絶対矛盾的自己同一と呼び、生命の定義とした。長らく西田哲学と格闘してきたが、ようやく西田先生を身近に感じることができるようになった。

あるときは凶暴な植物

植物は逃げることができない。突風が吹けば葉を散らせ、驟雨《しゅうう》に打たれれば花を落とす。日照りが続けば枯れてしまう。自然のなすがまま、受動的な生き方を選ばざるを得ない。でもよく見れば、植物はとても巧妙で、狡猾《こうかつ》、あるときは凶暴ですらあるのだ。

ヤドリギは他の木の枝に取りついて、栄養と水を搾取する。チランジアは高木の輿《こし》にちゃっかり乗っかって、陽光を享受する。極めつきは、絞め殺しの木だ（イチジクやつるの仲間）。鳥に運ばれた種子が、宿主となる木の樹上のくぼみで発芽をはじめる。何本もの根が絡まりながらすると下りて幹を覆いつつ、地上に達するとぐんぐん太くなる。枝は上方に伸び、やがて宿主の高さを追い越してしまう。哀れ、もとの木はがんじがらめ、文字通り、絞め殺されて枯死してしまう。あとには、かご状の空洞が残るだけ。しかし絞め殺しの木は成長を止めない。太い根同士が融合し、空洞を埋めて一本の大樹となってしまうのだ。

人間模様になぞらえるなら、まるで松本清張の小説を読んでいるような気分にさせられる。とはいえ、植物たちは地球上に誕生した生命の先駆者としてのノブレス・オブリージュを忘れることはない。食糧、建材、エネルギー源、そして酸素。彼らの寛容さがあればこそ、あとから来た我々が生存できるのである。

終わりへの旅立ち

夏休みの一日、長野県の蓼科山《たてしな》に遊んだ。遠望するとき見せるたおやかな山姿とは違って、登山道はガレ場続き、かなり疲労した。ようやく下山口にたどり着き、汗を拭いていると目の前を1匹の蝶が通り過ぎた。アサギマダラだ。その名の通り、褐色の地に浅葱《あさぎ》色の紋を散らしたこの蝶は、ゆっくりと優雅に飛ぶ。

花に止まったとき、そっと近づいてよく見ると、翅に記号が書いてあった。誰かがマーキングしたんだね。ここで育ったアサギマダラたちは、このあと秋になると南に向かって一斉に「渡り」をする。その距離は2000キロに及び、遠くは八重山《やえやま》群島や台湾で見つかることもある。花を離れた蝶は、見えない糸に引かれるようにすっと西の方に飛び去っていった。

突然、私は、レイチェル・カーソンの手紙の一節を思い出した。その日、彼女は、同じく渡りをするモナーク蝶を何時間も眺めていた。蝶はもうここに戻ってくることはない。蝶にとってそれは生命の終わりへの旅立ちなのだ。けれども彼女はそこに何の悲しみも湧いてこないことに気づいた。「生きとし生けるものがその一生の終わりを迎えるとき、私たちはその最期を自然の営みとして受けとります」。1963年、夏のこと。ガンはすでに骨に転移していた。カーソンはモナーク蝶の飛翔《ひしょう》に自らを重ねていたのだ。

自由自在な生物の性

夏休み、南の海に出かけ、色とりどりの魚の姿に目をうばわれた子どもたちも多いはず。とりわけ愛らしいのがクマノミ。イソギンチャクの間をちょろちょろ泳ぐ。アニメ映画にもなった人気者だ。映画では、ダイバーに連れ去られた息子を必死に探し求める父の物語になっていた。が、もし、自然界におけるクマノミたちのふるまいをそのまま映画化したら、R指定はおろか、公開できなくなる可能性が高い。

ファンタジーを壊すつもりはさらさらないが、ありのままの事実をお知らせするのも本コラムの役割のひとつと考え、あえて記せばこうなる。

クマノミの家族では、母が不在になると、父がすぐさまメスに性転換して、息子のうち一番身体が大きな1匹と交わるようになってしまうのである。

そもそも生物にとっての性は、遺伝子を混ぜ合わせ、変化を作り出すためのしくみ。その目的さえ達せられれば手段はなんでもよい。

季節のよいときはメスが自分のクローンを次々とつくり、寒くなると遺伝子の運び役として痩せたオスが一時的に作り出されるアリマキのような生物もいる。

人間は自らの、あるいは他者の性に固執しがちだが、生物の世界を見わたしてみれば、性とは、かくも移ろいやすいものであり、自由自在であるとさえいえるのだ。

京都で見たクマゼミの羽化

先日、京都へ出張した翌朝、窓際の茂みから鳴り響くシャアシャアという盛大な声で目覚めた。クマゼミのコーラス。久しぶりだなあ。小さい頃の視覚体験がよみがえった。

私が子どもの頃、東京でクマゼミと出会うことはなかった。だから、関西旅行の際、はじめて見たこの大型のセミに魅了された。黒光りする甲冑《かっちゅう》のような背に透明な翅。

夜明け前、京都御所に出かけていって、クマゼミの羽化の瞬間を探した。大きな樹の木肌に褐色の幼虫がしがみついていた。まもなく背中が縦一文字に割れ、セミが身体を反らせながらこぼれ出てきた。私は目を見張った。成虫はあんなに真っ黒なのに、雪のように白い。しかしその白さは単なる白ではなく、脚や翅の縁に、蛍光のようなほんのりした緑色の影がついているのだ。それが昇りかけのあかつきに照らされて光っていた。やがて可憐な輝きは淡雪のように消え去り、代わりに濃い色が広がり始めた。いったいどれくらい息を詰めていたことだろう。動きゆくもの、移ろいつつあるものを見届けるには、自分自身の動きをとめなくてはならない。そんなことを自然に悟った。

そのクマゼミ、版図《はんと》をどんどん東へ拡大させているという。まもなくあの騒がしい鳴き声が、東京のあちこちでも聞こえるようになるのか。残りわずかな平成の夏が暮れようとしている。

学術用語、邦訳の功と罪

日本遺伝学会が、遺伝の法則における「優性」「劣性」を「顕性」「潜性」と言い換えることにした。両親に由来する遺伝子対の現れやすさには強弱こそあれ、それは決して優劣ではない。だからこれはより正確な邦訳への改訂だ。原語はドミナントとレセッシブ。

思えば、わが国の近代初期の学者たちが、あらん限りの想像力を駆使して学術用語を邦訳してくれたおかげで、我々はあらゆる西洋の知識をすべて母語で学べるようになった。これは画期的なことだった。アミグダラが扁桃体《へんとうたい》と訳されたからこそ、それが果実の種の形に似た脳の一部であることを知ったし、アシナー・セルを腺房《せんぼう》細胞と名づけてくれたお陰で、膵臓《すいぞう》がミクロなブドウの集合体のようなイメージを持てた。

しかし、後年、留学して事態が逆転するのを思い知った。自分には実に豊かな知識があるにもかかわらず、それを表出することができないのだ。奇妙な曲線を持つ蛇紋岩《じゃもんがん》や輝くような緑閃石《りょくせんせき》は何という。いや、基礎学力すらおぼつかないと思われかねない。だって、台形や平行四辺形、因数分解や解の公式にあたる英語がすっと出てこないのだから。はたまた支点、力点、作用点は？　私は逆翻訳に多大な努力を強いられることになった。時は21世紀、世界に羽ばたく子どもたちのために、せめて高校以上の教科書には原語を併記するよう提案したい。

多摩川河口、豊かさ育む出会い

それは実に不思議な光景だった。海に向かって左手には羽田空港が、右手には川崎の倉庫群が連なっている。上空には、次々と飛行機が行き交う。

もっとも驚くべきことは、今、立っている場所が、多摩川河口のど真ん中であるにもかかわらず、水深はわずか10センチしかないことだった。底には細かい砂地が見渡す限り広がり、澄んだ水が音もなく流れていく。

私をここに連れてきてくれたのは、地元でシジミ漁を営む漁師さん。平底の船に乗って澪《みお》を進むと、川の中央部分は巨大な砂州になっているのだった。長靴で船から下り、浅瀬に立つ。漁師さんは金属製のカゴを巧みに操って砂をかいていく。カゴを流れにさらすと、あとには大粒のシジミがいくつも現れる。あっという間にバケツはいっぱい。都会のこんなところが格好の漁場なのだ。

思えばそれも当然のこと。汽水域、つまり淡水と海水が混じり合うこの場所では、流れは緩やかになり、ときに往還する。広く浅い水面には酸素がたくさん溶け込む。数多くのプランクトンのゆりかごとなり、食物連鎖が生まれ、そこは生き物の宝庫となる。

二つの異なる環境が出会う場所で、豊かな生命が育まれることを生物学の用語ではエッジ・エフェクトと呼ぶ。これは文化と文化の界面でも起こりうること。青空を見渡して深呼吸してみた。

4

追い立てるのではなく

2017.9.28 ……… 2018.5.31

飛行機雲、孤独な直線

秋が来た。空が高く見える。空が高く見えるのは、摩周湖《ましゅうこ》が澄みきって見えるのと同様、透明度が高いからである。気温が下がり、湿度が低くなると、大気に含まれる水蒸気の濃度が減り、光の散乱が小さくなって、空の深度が上がるのだ。

その澄んだ青い空を一粒の飛行機が航跡を残しながらまっすぐに進んでいく。目を凝らしてみると、白い飛行機雲は、飛行機からほんの少しだけ遅れた場所から発生して後方にたなびいている。ジェットエンジンが排出する水蒸気が、高い空の低温に冷やされて氷結するまでにわずかな時間差があるせいだ。まるで大海原をひとり航海する孤独な帆船の波しぶきのようだ。

鋭い輝きを放ちながら一直線に伸びるその雲を追っていくと、やがて筋は薄く広がり、輪郭がぼやけ、大気の透明さの中に散らばっていく。気体はひとときの固体となり、再び元の気体に戻ったにすぎない。そこにあるのは残像だけだ。荒井由実の名曲を引くまでもなく、飛行機雲にはいつも、そこはかとない切なさが含まれている。

学生時代、若くして逝ってしまったクラスメート。私たちはまだ二十歳にもなっていなかった。あんなに親しくしていたのに、彼が何に悩み、なぜ死を選んだのか、誰にもわからなかった。重い沈黙だけが残された。彼のことを思い出して、言葉のない祈りを空に送った。

続く雨の中、待つ人々

雨は間断なく降り続いていた。無数の水滴はあらゆるものを絶え間なくたたき続けている。子どもたちは、この雨がまもなく上がるという天気予報を聞かされてはいたものの、それが本当に起きるとはにわかに信じられなかった。なぜなら、この地に生まれ育った彼らには、晴れた日の記憶がなかったからだ。子どもたちは空を見上げて一心に待った……SF作家レイ・ブラッドベリの名作「オール・サマー・イン・ア・デイ」の一節である。

長雨が続く日、私はかつて読んだこの短編小説をいつも思い出す。そして想《おも》う。もしこの雨がずっと降り続く、やむことのない雨だとしたらどうだろう。晴れた空を知らないとしたらどうだろう。

小説の舞台は、実は、金星の移住コロニー。日常は雨の中にある。そして、7年に一度、たった2時間だけ晴れ間が訪れる。地球から転校してきたひとりの女の子だけは青い空と暖かな日差しを知っていた。でも、他の子は彼女のいうことを真に受けない。それどころか、女の子をいじめて残酷な悪ふざけをする。ロッカーに閉じ込めてしまうのだ。金星の空が晴れる直前に。

やむことのない雨とは何の隠喩だろう。今もこの世界のあちこちで、降り続く雨の中、かそけき晴れ間をじっと待つ人々がいるであろうことを思って、外の雨の音に耳を澄ませた。

聖書の最古の日本語訳

最古の日本語訳聖書「ギュツラフ訳ヨハネ福音書」が、日本聖書協会聖書図書館から、私の勤務する青山学院大学に寄贈されることになった。世界中でも数えるほどしか現存していない貴重本である。

徳川幕府がまだ鎖国を続ける1830年代、マカオにいたドイツ人宣教師カール・ギュツラフは、たまたま保護した日本の漂流漁民の助けを借りて聖書の翻訳に取り組み、のちにシンガポールで出版した。

有名な冒頭の一句「初めに言《ことば》があった」は、ギュツラフ訳では、こんな風に訳されている。「ハジマリニ　カシコイモノゴザル」。黄ばんだ紙に端正に印刷されたカタカナ文字を、ガラス越しに覗《のぞ》いた私は不思議な気分になった。今では「言」と訳されている箇所が、どうして「カシコイモノ」なのだろう。

宗教学の先生が教えてくれた。ギリシャ語の原典では「ロゴス」です、と。そうなのだ。はじめにあったのはロゴスなのだ。世界を統べ、論理を与える力としてのロゴス。一方で、本来連続し、絶えず移ろいゆくものとしての自然を分節化し名づける力としてのロゴス。人の知恵の源泉としてのロゴス。それがカシコイモノなのである。なんとまっすぐな翻訳なのだろう。しばし私は息をのんだ。ギュツラフは、生きている間に、この聖書を日本に届けることができなかった。

霜柱の素朴な研究

北国からは早くも初冠雪や初霜の知らせが届き出した。都会はすっかり舗装されてしまったが、私が小学生の頃はまだ、寒い朝、通学の路傍のあちこちの地面に霜柱ができていた。それを運動靴で踏んでいくと、ウェハースをかむようにサクサクと気持ちのよい音がした。

霜柱とは、土の中の水分が凍って地面を押し上げたもの、と思われがちだが、話はそんなに簡単ではない。実はここにちょっとしたミステリーがある。霜柱を形成する氷の量は、もともとその厚みに含まれていた水の量よりもずっと多いのだ。水はいったいどこからくるのだろう?

氷と雪の研究で有名な中谷宇吉郎《なかやうきちろう》の随筆を読んでいたら面白い記述があった。戦前、身近な霜柱の生成に興味を持った子どもたちがいた。自由学園の女子生徒たちである。彼女たちは凍《い》てつく夜、霜柱に目印をつけたり、ブリキ缶を埋めたりして実験を重ね、ついに水が毛管現象で地中深くから吸い上げられていることを突き止めた。中谷は「この研究にとりかかられた娘さんたちの勇気には、大いに敬服した」「無邪気なそして純粋な興味が尊いのであって、良い科学的の研究をするにはそのような気持が一番大切なのである」と高く評価した。素朴な疑問から出発した素朴な研究であっても専門家を瞠目《どうもく》させることがある。科学の萌芽《ほうが》は霜柱の成長に似ている。

「よく気がつきますか？」

「よく気がつきますか？」。オウムのポリネシアはこう問い返した。貧しい少年トミー・スタビンズが、ドリトル先生と出会い、自分も先生のような博物学者になりたい、と問うたときのことだ。児童文学『ドリトル先生航海記』の一節である。昨日、庭の木に来た2羽のムクドリが今日また来たとき、どちらがどちらか言えますか、とも。この言葉は、密《ひそ》かに科学者を目指していた私の心の隅に残った。

ひんやりとした秋の公園。人気《ひとけ》もまばらだ。中央にある古池に近づいて水を見る。浅い水底には朽ち葉や泥のついた水茎が沈んでいて、生き物の気配はない。しばらくじっとそのまま息を殺していたら、目の隅の方で、キラリと光るものがあった。はっとしてそちらを見た。クチボソかモロコだろうか。背の黒い小魚は陸上からは見つけにくいが、水中で身を翻す一瞬だけ腹側の銀《ぎん》鱗《りん》がきらめく。

いったん魚が生息する深度がわかると、ロボコップみたいにフォーカスをその層に合わせる。するとと、不思議なものでそれまで気づかなかった魚影が次々と見え始める。水面の下には驚くほどの数の魚たちが、ぐるぐると踊るように群舞しているではないか！　なんだかうれしい気分になる。絶え間なく移ろう自然の動きを知るには、観察者の方が動きを止める必要がある。そんなシンプルな原則を思い出した。

「蝿屋」の到達点

生物学の世界には、自分の好きな実験生物の名前を冠した、奇妙な専門家たちがいる。今日は「蝿屋《はえ》」の話をしよう。蝿と言っても食卓にブンブンと来るあのうるさい蝿ではなく、フルーツフライという赤い目をした可憐な小蝿。彼らは排泄物にたかることはなく、果実や樹液に集まる清潔好き。そこで天然酵母によって発酵された酒を嗜《たしな》む。卵から次世代を産むまで10日。ライフサイクルが短い生物は実験に適している。さもないと研究者の方が先に死んでしまう可能性があるから。実験室では小型のガラス瓶に綿栓をつけ、中に酵母や糖を含んだ寒天を入れて一度にたくさん飼育できる。

そういえば、昔、大学の学生実習でこの蝿の飼育実験があった時、ガラス瓶を持ったまま彼女の下宿に行き、寒い日だったので、コタツの中で温めてそのまま忘れて全滅させた奴《やつ》がいたよなあ（私ではありません）。

私が客員教授をしている米国のロックフェラー大学のマイケル・ヤングも大の蝿好き。フォーク歌手みたいなラフな感じの先生。蝿をじっくり観察し、中から昼夜のサイクルが乱れている個体を選びだした。ゲノムを探索し、どの遺伝子が壊れているか突き止めた。それはあるたんぱく質を増やしたり、減らしたりする仕組みを制御していた。その増減リズムが体内時計の発信源だったのだ。祝ノーベル賞。

街角ごとのささやかな秘密

ニューヨークは縦と横の道路が、整然とした碁盤目状に区切られているから、一見、どの街角も似たように思えるが、その実、ひとつとして同じ風景はない。研究修行時代、この街の大学で過ごしたが、精神的にも経済的にも全く余裕がなかったので、せっかくニューヨークに住んでいるというのに観光名所には一切行ったことがなかった。

ささやかな楽しみは、碁盤目の街の角々をまるであみだくじをひくようにランダムに歩いてみることだった。すると街区ごとにひっそりとした秘密があることを知った。古びたアパートの小さなプレートを読むと、そこがかつて有名な作家の住まいだったり、いわくありげな禅の道場だったりした。あるとき、アッパーウェストの静かな住宅街のならびに不思議な個人美術館を見つけた。しかし当時はその重い扉を開ける勇気はなかった。

数十年ぶりに同じ場所に立ち、今回は中に入ってみた。ニコライ・レーリヒ美術館。ロシアに生まれたレーリヒは、20世紀前半、世界平和と桃源郷を希求するコスモポリタンとして生きた。チベットを旅し、雪を冠《かぶ》った山脈が青く連なる幻想的な絵をたくさん残した。

私たちの日常もまた毎日が同じように見えて、ひとつとして同じ日はない。レーリヒの絵のごとく、奥行きの向こう、空のかなたの白い頂《いただき》を夢見ながら、結局、その場所に到達することはない。

比類なきフェルメール

日本でファンの多いフェルメールの絵は、世界でも大人気である。そのフェルメール、今年、一大展覧会が企画され、パリ、アイルランド・ダブリン、ワシントンを巡回中なのだ。たった37点しか現存しないフェルメールの絵画のうち、主要作品がなんと12点も集められた。画期的なことである。

フェルメールおたくとしてはこれを見逃すわけにはいかない。いてもたってもいられず、米国の首都、国会議事堂のそばにあるナショナル・ギャラリーに駆けつけた。さて、この展覧会、趣旨がふるっている。単にフェルメールを世界中の有名美術館から持ってきただけではなく、同時代の他の作家の、似たようなテーマ作品と並べているのだ。

たとえば「レースを編む女」は、マースの絵と、「天秤《てんびん》を持つ女」は、デ・ホーホの作品と。同じ日常生活の一風景を描きながら、いかにフェルメールが傑出し、全く異質の哲学的境地に到達しているかがわかる。フェルメールの天秤には何も載せられていない。淡い光のベールに包まれながら、たおやかに微笑《ほほえ》む女はこの世界の軽重を、あるいは人間の過去と未来を測っているのである。凡庸さと天才性。残酷なまでの対比を前に、あらためてフェルメールの孤高を思い、なぜ彼の絵が時間の試練をくぐり抜けて今も輝きを放つのか、手に取るようにわかった。

ムンクが聴いた「叫び」

ノルウェーの画家エドヴァルド・ムンクの名画「叫び」が来年日本にやってくるという。最近では絵文字にまでなっているその構図は、一見、絵に描かれた人物が叫んでいるようにみえるが、実はそうではない。この人物は血のような赤い空と青黒いフィヨルドの奥から鳴り響く叫び声に、耳を塞いで恐れおののくムンク本人の姿であるという。

唐突だが、思えば生物学（さらに言えば医学）は矛盾に満ちた学問である。生命現象はどれも環境との相互作用で絶えず移ろい、それ自体も一回限りに生起しているものであるにもかかわらず、実験とデータには常に再現性が求められる。患者は誰もが固有の症状と個別の対応を訴えているのに、医者は平均化されたエビデンスや標準治療に従わざるを得ない。

罪深いことに、私は何百匹もの実験動物を解剖してきた。メスを入れて、おなかを真ん中から切った瞬間、その奥に見えるものは、教科書にきれいに色分けされて図示された臓器や整然と流れる赤い動脈、青い静脈ではない。それとは全く異なる、生々しい混沌《こんとん》が口を開いて咆哮《ほうこう》しているのだ。

この年になってようやくわかってきたことがある。そこから聞こえるのは世界に充満する声のない声、ムンクが聴いたという、耳を覆いたくなるような、自然をつらぬく果てしのない叫びなのである。

ダ・ヴィンチの揺れと震え

その日の気温はかなり下がっていた。ニューヨークのロックフェラーセンターにはクリスマスに向けて巨大なツリーの足場が組まれ、スケートリンクにはもう氷が張られていた。そして道路を挟んだ舗道には、内覧会入場を待つ長い行列ができていた。しかたなくその最後尾に並ぶ。なんといってもレオナルド・ダ・ヴィンチの絵が発見されたというのだから。

「サルバトール・ムンディ」。世界の救世主は透明なガラス球を手にして静かに立っていた。その柔らかな筆致や内部から湧き出すような光は確かにダ・ヴィンチを思わせる。

でも同時に何かが足りない。そう、あのかすかな揺れや震えだ。モナリザの微笑みは次の瞬間にこそ始まろうとしているし、洗礼者ヨハネの指はバレリーナの最後の仕草《しぐさ》のようだ。受胎告知のマリアのたたずまいの怯《おび》え。最後の晩餐《ばんさん》に集った人々の挙措は言うまでもない。あらゆるところに動きが内包されている。それがこの作品には感じられないのだ。

それでもこの絵はダ・ヴィンチのもの。疑うよりも信じた方がみんなハッピーになるし、想像も膨らむ。これを描いた1500年ごろ、ダ・ヴィンチはヴェネツィアを彷徨《さまよ》っていた。旅の目的は不明。絵は500億円もの値がついた。いったい誰が買ったのか。それもまもなく明らかになる。落札者は自慢したくてしかたがないはずだから。

都会の隅に散らばる記憶

銀座にそびえ立つ新しい商業施設「GINZA　SIX」。6階の大きな書店でトークイベントをした。対談相手は画家の諏訪敦《すわあつし》さん。彼の作品は不気味だ。女性の裸身に血しぶきが散っていたり、表情の一部に髑髏《どくろ》が透けて見えたり。生は常に死を伴っており、死を伴っているからこそ生が生たりうる。話はあちこちにはずんだが、私の心はふと不思議な感慨にとらわれていた。

ここはかつての松坂屋デパートがあった場所。裏通りには細かい雑居ビルが並んでいた。私と友人たちは一計を案じ、ビルのワンフロアににわか画廊を作った。そこに、デジタル解析と最新のプリント技術で再生したホンモノ以上に美しいフェルメール全37作品を年代順に並べるという展覧会を開催した。1階の路面には、中国奥地の長寿村の料理を供すという触れ込みで中華レストランを作った。こんなニセモノ美術展に、全国からフェルメールファンが連日押しかけて列をなした。してやったり。私たちはひそかに快哉《かいさい》を叫んだ。

再開発に際して、雑居ビル群はすべてのみ込まれ、画廊もろとも跡形もなく消え去った。今では銀座の銀の粒がさんざめくスタイリッシュな都会の宮殿となった。光は常に影を伴っており、その影の彼方《かなた》には色とりどりの記憶の断片が散らばっている。あれ以来、私は何をなしただろうか。

なくなる青短、蔵書に未来を

青山学院女子短期大学が来年度をもって学生の募集を停止する。時代の趨勢《すうせい》とはいえ、俳優・山口智子らを輩出した、都会のこのスタイリッシュな短大の消滅を残念に感じた人は多いはず。同じ敷地内の四年制大学に勤務していても、短大エリアはいささか敷居が高いが、男性の私でも気軽に立ち入れる場所がある。短大付属図書館。ここの蔵書がすばらしいのだ。

三角形の建物内に入ると一瞬、方向感覚を失う。地階の書庫へと続く狭い階段を下りるといりくんだ書棚が連なっている。古い革装のユゴーなどの貴重書コーナーも。ウンベルト・エーコの『薔薇《ばら》の名前』に出てくる迷宮図書館みたいだ。

私が好きなのは迷路の一番奥。両側に、三島由紀夫や宮本百合子の全集が壁のように立ちはだかる狭い回廊の突き当たり。その先に窓のない洞窟がある。実はそこは秘密の花園。ぎっしり絵本だけの部屋なのだ。『はるにれ』『よあけ』『かいじゅうたちのいるところ』……。科学絵本も充実していて、『せいめいのれきし』の原著から、昔のブランリーの地学本までそろっている。

雑誌コーナーもよい。一般誌のほか「日本栄養・食糧学会誌」や「婦人之友」もある。そうなのだ。女子短大が担っていたのは幼児教育や家政、栄養といった大切な学問上のディシプリン。その知的アーカイブとしての図書館の行く末を見守りたい。

昆虫少年の発見

小学生のある日、小さな緑色の虫を採集した。どんな図鑑にも載っていない。新種を発見したと確信した私は、上野の国立科学博物館に持ち込んだ。受付の係員は、息せき切って駆け込んできた子どもに丁寧に対応してくれた。専門の先生がいるので、見てもらえるか聞いてみましょう。バックヤードの奥に通された。面会した先生は、私の虫を拡大鏡で調べてから言った。これはありふれたカメムシの幼体です。がーん。

新種発見の夢は淡くも潰《つい》えたが、帰り道、私は朗らかだった。もうひとつの発見をしたからだ。虫を研究する「仕事」がある！ 後に、その人が日本の昆虫学の泰斗、黒沢良彦先生であることを知った。スタビンズ少年が、ドリトル先生に出会ったような気分だった。

国立科学博物館の研究棟は今ではつくばにあり、最新の標本収蔵庫を併設している。昆虫部門の野村周平さんと話した。黒沢先生の衣鉢《いはつ》を継いでアマチュアにもフレンドリー。今年の2月と10月に南米の仏領ギアナに調査に行き、昆虫少年あこがれの的、太陽蝶を採ったと自慢してくれた。

地上50メートル近い樹冠を舞っている蝶がゆらりと降りてきたところを狙って長い竿《さお》で捕獲したそうな。この大型の蝶が網に入った瞬間の興奮はいかばかりだったろう。ドリトル先生のようなナチュラリストになりきれなかった自分を少し悔やんだ。

追い立てるのではなく

濃い霧を消すにはどうするのですか。そんなことを彼女に聞いてみた。

彼女とは、霧の彫刻家・中谷芙二子《なかやふじこ》さんである。地面の縦横に配置した細い導水管には小さなノズルがいくつもつけられており、そこから高圧で水を噴射し、あたりに霧を作る。霧は気温、湿度、風向きによって変幻自在にその姿を変えながら、大気の中に溶け込んでいく。一回性の芸術。今年、ノルウェー・オスロで見たライブでは、舞踊家の田中泯《みん》が踊る舞台を霧で隠したかと思えば顕《あら》わにし、坂本龍一の奏でる自然音ともノイズともつかない音楽とあいまって、時間と空間を歪《ゆが》ませてみせた。未来にいるのか廃虚にいるのかわからなくなった（実際にはそこは建設中の美術館の屋上だった）。

芙二子さんは、高名な科学者・随筆家、中谷宇吉郎の娘。父は水が凍る過程を研究し、子は水が気化する過程をアートに変えた。1970年の大阪万博でペプシ館全体を霧で包んだことは今では伝説となっている。

冒頭の問いへの答えに驚いた。濃い霧を少し加えればいいのです。すると霧の粒がお互いに凝集し、水滴となってたちまち降下してしまうのだという。

強大な力を別の強大な力で追い立てるのではなく、力の内部にあえて過剰さを導くことによって力が自壊するのを促す。それを聞いてまさに霧が晴れるような心持ちになった。

ちょっと気配を消して

自然は隠れることを好む。そのうえ絶え間なく動いているので、こちら側が動きをとめないと、自然はそのほんとうの姿を見せてはくれない。

内向的な子どもで、同年代の遊び仲間がおらず、もっぱら自然の中の小さな生命、特に昆虫が友だちだった私は、知らず知らずのうちにそのことを学んだように思う。

虫と親しくなるにはちょっとしたコツがある。それは、目を凝らすこと、耳を澄ませること、あるいは他の感覚も研ぎすませた上で、ちょっと自分の気配を消すことが必要だということである。

たとえば、蝶は翅《はね》を縦に閉じて花に止まる。でも私が見たいのは翅の美しい内側だ。近づきすぎると警戒心の強い蝶はすぐに飛び去ってしまう。息をこらしてじっと待つ。すると、蝶は一心に蜜を吸いながら、あたかも呼吸を整えるように、ゆっくりと一度か二度、翅を開く瞬間があるのだ。そのとき一瞬だけ見事な翅の紋様と色を見るチャンスがやってくる。

朽ち葉色に波模様。地味な裏地の可憐なシジミチョウの翅の内側は、目が覚めるばかりの鮮やかさだ。黒い縁取りにエメラルドグリーンの輝き。陶酔感とはこんな気持ちをいうのだろう。そのとたん、あっと思う間もなく、翅は再び閉じられる。こうして、私は自然を愛する者、つまりナチュラリストの資格を得た。

建築家がモテるのは

画家、音楽家、小説家。職業は数あれど「家」を名乗れる職業は限られる。残念ながら生物学者に家はつかない。「家」はかっこいい。そしてなによりもモテる。その極めつきは何といっても建築家ではないだろうか。

旧帝国ホテルや自由学園を設計した世界的建築家フランク・ロイド・ライトの人生はドラマチックな女性遍歴で彩られているし、メタボリズム建築で名を成した黒川紀章《きしょう》の奥方は、ご存じのとおり日本を代表する大女優である。

隈研吾《くまけんご》さんに会う機会があったので、思い切って単刀直入に聞いてみた。なぜ建築家はそんなにモテるんでしょう？　こういう場合普通は、いえいえそんなことはありませんよ、という風に謙遜するかと思ったら、あっさり私の予想を裏切って、彼はなかば肯定しながらこういった。それはいつも人を説得しているからです、と。

それはそうだなあ。建築家は自由自在に設計しているように見えて、まずは依頼主のわがままと無理難題を説得し、片や施工業者や現場からの文句や要求を説得し、あるいは周辺住民のクレームを説得し、コンペとなれば審査員を説得し、スポンサーを説得する。とにかくあらゆる局面で誰かを説得しなければことが進まない。それゆえ、異性を説得することなどお茶の子さいさいということか。なるほど。あっという間に納得させられてしまった。

写真に通じるカステラの科学

寒い夜。熱いお茶をいれて、しっとりとしたカステラをいただく。カステラの断面は実に端正な四角形をしている。そして上面のこげ茶色の焼き目。ここがとても香ばしい。この部分が紙にくっついて剝がれてしまうととても悲しい。

このこげ茶色こそは食文化の成果。食材中のアミノ酸と糖分が熱せられると、おいしい褐色の高分子成分が生成する。メイラード反応と呼ばれる作用。お菓子、煮物、炒め物、みそなどの発酵、コーヒーの焙煎《ばいせん》。あらゆる場面に使われている。

ひょっとすると食文化だけではないかもしれない。

17世紀の画家・フェルメールは、3次元の空間を2次元のキャンバス上に正確に写し撮るため、カメラ・オブスクーラというレンズつきの暗箱を使っていたとされる。彼は、すりガラスの上に浮かびあがった像をなんとかその場にとどめたいと願ったはずだ。もちろん当時は近代的な写真技術はまだなかった。しかし、光の強弱は、加熱と同じエネルギーの強弱である。それを固定するには？　彼は紙の上に卵と水あめのとき汁を薄く塗ったかもしれない。

17世紀、科学と芸術は極めて近い距離にあった。フェルメールは写真が発明される以前のフォトグラファーであったかもしれないのだ。カステラをほおばりながらしばしそんな夢想に浸ってみた。

突然、姿を現した敵

敵は確かにそこに潜んでいる。しかしその姿がどうしても見えない。こんなミステリーが生物学研究の現場にもある。

極小の病原体であるウイルスは、たんぱく質の殻で覆われた規則正しい幾何学形をとる。だから電子顕微鏡（電顕）で見ると正多面体や積み木状に見え、結晶化すればより正確な構造を解析できる。

ところがC型肝炎ウイルスは違っていた。高濃度のウイルス溶液を電顕で見ても何も見えない。結晶化もできない。存在は間違いないのに実体は杳《よう》としてつかめない。そんな状態が何年も続いた。

「転機は意外なところからやってきました」。米国ロックフェラー大学の電顕部門ディレクター瓜生《うりゅう》邦弘《くにひろ》博士が教えてくれた。電顕は真空中で観察するため事前に水を取り除く。この常識を捨てた時、敵は突然姿を現したのだ。

このウイルスは宿主細胞の膜を借用して自分の身にまとっていた。その場かぎりの衣装は不揃《ふぞろ》い。均一でない粒子は結晶化できない。しかも細胞の膜は大半が脂質でできている。アルコールで脱水するのがルーチンだったが、このとき脱脂も生じてしまっていた。

なるべくそっとして素早く見る。彼らは息をのんだ。電顕の視界にはごつごつとしたウイルスが一面に散らばっていた。それはまるで荒涼とした月面の冷たい岩石を思わせた。

ル＝グウィンの絵本、あの人に

米国のSF作家、アーシュラ・K・ル＝グウィンが亡くなった。最初に彼女の作品に触れたのは『ゲド戦記』が清水真砂子《まさこ》の名訳によって岩波書店から刊行された時。河合隼雄がこの物語をとても高く評価しているのを聞いて手に取ったのだった。ここには一人の人間の、誕生から成長、そして老いまですべてが描かれている。でも、ユング的あてはめごっこをしながら読んではいけません、と。

映像的な美に満ちた壮大なストーリーに魅了された。気に入ったのは、主人公がただ風に吹かれるまま大海原を航行する場面。誰の人生にもこんな一時期がある。そこからさかのぼって、過去のル＝グウィン作品を読むようになった。

ずっとあとになって、米国の学会に出た際、ボストンの小さな本屋さんの奥の棚の隅に、薄い絵本を見つけた。都会の路地裏に生まれた野良猫の兄弟たち。不思議なことに彼らには羽が生えていた。子猫たちは自らの運を試すため旅に出発する。著者名を見ると、なんとル＝グウィンではないか。あの難解な両性具有の物語『闇の左手』の著者がこんな愛らしい作品を書いたのだ。大の猫好きで、かつ大のル＝グウィン好きと言えば……。

おせっかいな私は、知り合いの編集者を通じてこの本を紹介する手紙を書いた。村上春樹が『空飛び猫』を翻訳したのはそれから間もなくのことである。

生命のゆりかご

新聞を眺めていたら、稚内《わっかない》沿岸に流氷が押し寄せてきたという記事が目に留まった。カチカチに氷結した鮮度のよいマイワシも大量に打ち上げられたという。聞いただけで息も凍りそうな季節の便り。わたしの机の上にある小さな地球儀を回して、宗谷《そうや》岬の緯度をぐるりと指でたどってみた。ヨーロッパならロンドンやパリよりもずっと南、北米でもシアトルの方が北にあるのに、どうして海が凍ってしまうのか。

これには大陸と千島列島に囲まれたオホーツク海の特殊な地理的条件が関わっている。大陸から注ぎ込むアムール川。大河の淡水によって海は局所的に薄められる。これがシベリア寒気団に冷やされて凍る。氷は樺太《からふと》の東を南下する海流に乗って、北海道にやってくる。

しかし流氷は単なる氷塊ではない。底面にはアイスアルジーと呼ばれる微小な藻類がはりついている。自らを固定すると、環境が自分の中を通り抜けていく状態に移れる。こうしてアイスアルジーは氷床で栄養塩を得て大量に繁茂する。藻類は酸素を海に与えつつ動物プランクトンの餌となり、それはクリオネをはじめとした水棲《すいせい》生物をはぐくみ、エビ、カニ、ホタテあるいはサケ、マス、タラ、ニシンといった魚たちへと連鎖する。

時間が閉ざされたかにみえる流氷は、実は大きな生態系を支える生命のゆりかごなのだ。

トポロジー感覚がものを言う

歴史家の磯田道史《いそだみちふみ》さんと話したときのこと。禅に、瓢簞《ひょうたん》で鯰《なまず》を捕まえるには、という問いがあるという。あの狭い口から鯰を瓢簞の中に押し込むことなど到底無理だが……そこは禅問答。磯田さんの答えは、自分の心を瓢簞の中に置けばよい、とな。すると瓢簞の皮はたちまち鯰を取り囲む袋と化す。この逆転の発想に立てば、富士山だって瓢簞の中に入れることができる。ただし皮は裏返しになる。

これはすぐれてトポロジー的な思考と言える。トポロジーとは学術的に訳すと位相幾何学、簡単に言えば空間的な把握力のこと。生物学には難しい数学はあまり必要ないのだが、トポロジー感覚がものを言うときがある。

たとえば酵母。細胞膜に囲まれた単細胞生物。顕微鏡でよく見ると、細胞の中にさらに膜で囲まれた小さな空間が見える。これが何のためにあるのか。最初、生物学者たちは首をひねった。まもなく、不要物や老廃物がこの中に捨てられていることがわかった。実は、これはゴミを細胞の外に捨てるのと同じ行為なのである。細胞の内側に心を置けば、膜の一枚向こう側は「外」になる。細胞膜の一部を開いてゴミを捨てると外界の異物が流入してくる危険があるので、むしろこの方式の方がずっと安全で簡便だ。つまり、内部の内部は外部なのであった。これがすんなりわかる人はトポロジー感覚に鋭敏な人。

ネット地図で古きを訪ねて

私はマップラバー。地図や路線図を見るのが好きだ。最近は乗り換えアプリのお陰で、誰でも迷わず目的地につける。が、全体を俯瞰《ふかん》したり、経路の途中で寄り道やよそ見をしたりすることも大事だと思う。思わぬ発見があるから。これは辞書を引いたり、本を買ったりするときにも言えること。

ただ、マップラバーとしてはネットの地図には心から感謝している。紙の地図帳には載っていないような辺鄙《へんぴ》な場所でも一気に飛んでいって、いくらでもズームインできる。このあいだも、勉強のあいまに、平昌《ピョンチャン》ってどのへんにあるのかな、と思ってポインターを動かしているうちに北緯38度線を越えて、ロシア国境も越えて、さらにはベーリング海峡をわたって、1万数千年前の我らが祖先モンゴロイドの旅路をいつしか追体験してしまった。

カナダ東部は氷河の爪が残した無数の湖沼が散らばる荒涼とした大地。その中に丸い目玉のような湖とその真中に浮かぶ島を見つけた。ルネ・ルヴァサール島。こんなところに火山カルデラなんてないはず。不思議だ。調べてみると、なんと太古の天体衝突による地形だった。巨大な隕《いん》石《せき》が墜落し大きなクレーターができた。一度は沈下した大地が反動で持ち上がり島となり、まわりに湖水が溜《た》まった。時空を自在に往来する。こんな道草の楽しみを乗り換えアプリは教えてくれない。

イチゴの品種、公正な勝負を

平昌オリンピックでカーリング女子日本代表の選手たちが試合の休憩時間「もぐもぐタイム」に頬張ったことで注目されたイチゴ。日本チームは息詰まる試合を見事に制しメダルを獲得したが、イチゴの世界にも激しいつばぜり合いがある。

日本の二大産地は栃木県と福岡県。品種改良でしのぎを削ってきた。1980年代、福岡県は大粒で甘い「とよのか」を開発して人気を博した。これに対抗したのが栃木県の「女峰《にょほう》」。甘味と酸味のバランスがよく、きれいな形が見栄えするのでショートケーキに多用された。その後、栃木県は「とよのか」と「女峰」両者の長所を併せ持つ「とちおとめ」を発表。これに負けじと福岡県は、一段と赤くて大きい「あまおう」で追撃した。

中継カメラで上から映されたカーリングのハウスの同心円を見ていたら、イチゴの味の要素を示すグラフを思い出した。イチゴには甘味、酸味だけでなく、苦味や渋味が含まれている。これらが互いに他を強調することで、さわやかな風味が形作られる。この絶妙な均衡のために、気の遠くなるような試行錯誤がイチゴの中に詰まっている。つまり品種は知的財産である。

韓国のイチゴの多くは日本から流出した優良品種を基に無断栽培されたものだという。知財にもフェアプレーを尊重するカーリング精神が求められる。

強くも弱くもある水

アカデミー賞映画「シェイプ・オブ・ウォーター」を見た。舞台は1962年、冷戦下のアメリカ。社会的弱者たちが力をつなぎ合わせて、無慈悲な権力に抵抗を試みる物語（ファンタジー）。主人公が、バスの窓の雨滴を目で追う印象的なシーン。水滴は互いに他を追いかけながらころがり、最後に融合して大きな光る玉となる。タイトルもここから来たのかもしれない。水槽。雨。濡《ぬ》れた床。バスタブ。水が象徴的に描かれる。

H_2Oという極小の粒の中には、+と−、相反する二つの力が内包されている。この力が分子同士を緊密につなげ、グラスになみなみと注いでもあふれることはなく、樹高100メートルものメタセコイアの根から梢《こずえ》までを引き上げる。+のものが来れば−側で取り囲み、−のものが来れば+側で取り囲んで、すべてを内部に溶かし込む。水は生命を支え、生命を運ぶ原動力だ。

合わさると強い力を発揮する水分子の結合だが、たやすくこわされてもしまう。昔、理科の先生が教えてくれた。盛り上がった水面に、一滴、アルコールを垂らすだけで、表面張力はあっけなく決壊する。映画のラストシーン。弱い者同士のつながりは敗北したのか、それとも再び水は結ばれるのか。それは、62年以降、私たちが生きたこの時代を振り返ってみるとわかる。水は乱されつつ、その本来の性質に従ってふるまう。

なぜ急に色気づくのか

始球式に呼んだゲストの女性タレントに中学生球児たちが殺到して大混乱が起きたという。現場管理の是非はおくとして、そもそもなぜ思春期の少年たちはかくも急に色気づくのか。ヒトに近い霊長類を含めてみても、生物は徐々に、しかもわりと早めに性成熟するのが普通で、ヒトの思春期のような劇的な心身の変化はない。この疑問は次のように言い換えられる。なぜ、ヒトにだけ長い子ども時代があるのか、と。

それは色気づくことによって目が曇ってしまわないうちに学ぶべきことがあるということに他ならない。大人はたいへんだ。生計を立て、パートナーを探し、敵を警戒し、縄張りを守らねばならない。対して子どもにだけ許されていることは？　遊びである。闘争よりもゲーム、攻撃よりも友好、防御よりも探検、警戒よりも好奇心、現実よりも空想。それが子どもの特権である。

なかなか成熟しないかわりに、遊びの中で学び、試し、気づく。これが脳を鍛え、知恵を育むことにつながった。こうしてヒトはヒトになった。これが私の仮説である。

児童文学者の石井桃子はこう言っている。「子どもたちよ　子ども時代を　しっかりと　たのしんでください。おとなになってから　老人になってから　あなたを支えてくれるのは　子ども時代の『あなた』です」

改ざん防止、内なる規準こそ

公文書の改ざんを防ぐため、ハッシュ関数を使って記号化すればよいというアイデアが出ているそうだ。ハッシュ関数とは、文字通り、ポテトや肉を切り刻む（ハッシュ）ように、文書を細切れの数値列に置き換え、その数値列を順に次々と繰り込みながら一定の演算を行うことによって、文字数字列（ハッシュ値）に変換する操作のこと。たとえば長い文書でも、96cd7e12ab547……みたいになる。元の文書のてにをはや句読点のひとつでも変更があれば、たちどころにハッシュ値も変わってしまう。もともとデータ管理のための暗号化技術として考案された。

今はやりの暗号資産も、ハッシュ関数によって過去の全取引が連結した文字数字列になっていて（ブロックチェーン）、これを皆が共有できるから、錬金術に陥ることなく、なんとか所有権の移動が担保されている。

科学の世界でも改ざんの誘惑や動機がいくらでもあることは、昨今の論文捏造《ねつぞう》事件の続発を引くまでもなく明らかだ。出世、予算、教授への忖度《そんたく》。不都合なデータは実験動物が風邪でもひいていたことにしてなかったことにしたい。しかし改ざんは監視や管理を強化すれば防げるわけではない。自分の仕事を自分で裏切らないようにする。このシンプルな規準こそがプロフェッショナルの矜持《きょうじ》というものだ。

何もない、と思っていた所は

イサム・ノグチの彫刻に「ヴォイド」と名づけられた一連の作品がある。巨大なドーナツを立てたようなかたち。真ん中に空洞があいている。ヴォイドとはこの中空、まさに何もないこと。ドーナツはその穴にこそ意味があるということだろうか。これは図と地の問題とも言い換えられる。だまし絵に、白い壺《つぼ》と見えたものが、実は向かい合う二人の横顔のあいだに挟まれた空間だった、というものがある。図であった壺は、地である顔の背景となって、ヴォイドと化す。逆も言える。

さて、人間の器官の中でもっとも大きいものは何か。脳？ 肝臓？ 消化管？「器官」をどう定義するかにもよるが、特化した単一の機能をもつ細胞の集合体、と考えると、体重の約16％を占める皮膚が、最大の器官となる。ところが先日、米国の学者が新説を提唱した。全身の器官と器官のあいだにある「間質《かんしつ》」。従来、何もない単なる空隙（ヴォイド）と思われてきた。ところが高性能の内視顕微鏡で調べると、ここは独自の組織、液体、細胞で満たされた生命活動の現場であることがわかった。だから間質もひとつの機能をもった「器官」と呼べるのではないか。なんと体重の20％を占める最大の器官だ。

結局のところ、これは人間の、図と地に関する認識の問題である。空からイサム・ノグチの高笑いが聞こえてきそうだ。

君たちは今、どう生きるか

戦前からのロングセラー『君たちはどう生きるか』（吉野源三郎著）が漫画化され大ヒットしているという。不思議な気がする。私は昭和30年代半ばの生まれ。まさに戦後民主主義の申し子のような世代として育った。本書は学校の必読推薦書だった。でもこの本が醸し出す、何かしら教条的なにおいが鼻についた。当時は言葉にできなかったが、今ならよくわかる。

主人公コペル君は東京の山の手育ち。銀座のデパートの上から街を眺め、行き交う豆粒のような人の流れがまるで水の分子の網目のようだと思う。やがて彼は粉ミルクが海外で作られて自分の口に入るまでに思いをはせ、そこに様々な人々のあらゆる活動が封じ込められていることに気づく。思考は歴史をたどる。

岩波文庫版の巻末には、吉野の親友で、進歩的文化人のヒーロー、丸山眞男がケレン味たっぷりの解説を書いている。これはとりもなおさずマルクスの『資本論』入門であると。著者は時代に配慮してそこには直接触れず、少年の自発的な気づきから、世界に目が向いていくプロセスを注意深く描いた。においの正体はこれだった。漫画では、この主旋律は遠のき、少年たちのいさかいと和解が前景に置かれる。旧制高校的な啓蒙《けいもう》の書はその教養の薫りが漂白されてしまうと、ナイーブな道徳本と化す。私たちが引き継いだはずの、あの戦後の息吹はどこへ行ってしまったのか。

切りたてそばを見た科学者は

自然が、ほんの一瞬だけ、そのほんとうの裸身をのぞかせてくれることがある。遺伝子もDNAも皆目わからなかった頃のこと。目の色や毛の生え方といった形質を親から子へ伝えている微小な〝粒子〟が仮想されていた。

実験材料はショウジョウバエ。大量飼育・交配がたやすい。判明したことはこうだった。情報を伝える粒子は細胞内の染色体の上にある。同じ染色体にのっている粒子は連動して遺伝する。染色体が切れたり、欠けたりすると形質に変化が生じる。しかし染色体は細すぎて顕微鏡でも粒子は見えない。

あるときハエの幼虫の口の下にある唾液腺を調べた科学者が驚くべきものを見つけた。この時期、細胞は分裂せず、染色体だけが何本も複製され、それがまるで切りたての手打ちそばのように整然と並んでいたのだ。そこには染色体上の濃淡がバーコードのように浮き上がって見えていた。彼は直感した。濃い筋こそが〝粒子〟だ。

バーコードの切断や欠失はそのまま、ハエの目の色や翅の形質を変え、それは伝達された。仮想的な粒子が、物理的な実体として観察でき、遺伝子地図が描き出されることになった。パラダイムシフトが起きたのだ。ときに自然はその身を躍らせる。しかしそれが天からの贈り物だとわかるのは、準備された科学者の心があればこそのことなのだ。

須賀敦子、読まれ続ける秘密

作家の大竹昭子さんと須賀敦子《すがあつこ》について語る機会があった。イタリア文学者で作家の須賀敦子は今年、没後20年。いまだに熱心な愛読者が多数いる（私を含めて）。ひらがなが多く、穏やかでやさしい、それでいて端正な文体。でも私たちが彼女の作品にここまで心ひかれるのは単に文章が美しいからだけではない。どこに秘密があるのか。

彼女の物語はしばしば「私」が自分のイタリア生活を回想するかたちで始まる。空の色、じゅうたんの模様、疲れて眠っている友人の姿。一見、自分の体験や記憶を、まるで昨日起きたかのように語っているようにみえるが、実は違う。デビュー作『ミラノ　霧の風景』を出したのは60歳を超えてから。夫を亡くしイタリアから帰国して以来20年が経過していた。

作品を読み進めるうちに、いつしか「私」は消えて、映画のカメラワークのように細部の光と影が描写されている。つまり彼女の作品は自伝ではなくどれも小説なのだ。では何が文章を小説たらしめるのか。それは端的に言えば、「私」の物語に見えたものが、あなたの物語に転ずることによる。あなたとは読者のこと。本を読む私は、いつの間にか自分を物語に重ね合わせ、励まされていることに気づく。須賀敦子の秘密がここにある。帰国後の20年の歳月は、その転換をひそかに磨き抜くために費やされたのだ。大竹さんと意見が一致した。

スター・ウォーズ、力の源は

5月4日は「スター・ウォーズの日」。なぜなら5月（メイ）4日（フォース）だから。導師が若き主人公に与える言葉は「フォースと共にあらんことを《メイ・ザ・フォース・ビー・ウィズ・ユー》」。

話は変わるが、これから科学を学ぼう（あるいはもう一度学び直したい）と思っている人におすすめの方法がある。科学のかわりに科学史を勉強すればよいのだ。

ミトコンドリアとは、細胞内小器官のひとつで、酸化反応によってエネルギーを生産する――教科書的に上から目線で言われると意欲をそがれる。それより名前の由来を調べてみよう。100年以上前、顕微鏡で細胞を観察していた科学者が糸くずのような影を見つけた。最初はゴミかと思ったが、どの細胞にも散らばっている。そこで糸を意味するミトに、微粒子を意味するコンドリアをくっつけて命名した。顕微鏡で観察するとき細胞は薄くそぎ切りにされる。だから糸に見えたものには厚みがある。実際、ミトコンドリアはきしめんが折りたたまれたような構造をしていた。狭い細胞内で面積をかせぐ工夫だ。調べてみるときしめんの表面にはびっしり酸化酵素が並んでいた。かくしてミトコンドリアは細胞内呼吸の現場であることがわかってきた。これが科学史。

ちなみにスター・ウォーズでは、フォースの源泉はミディ＝クロリアンという微粒子。それってミトコンドリアのことでしょ。もう一声ひねってほしかった。

シロアリにもリスペクトを

音楽家の知人がメールをくれた。地下スタジオの床に小さな翅が散らばっており、不審に思って調べると、なんとシロアリのものと判明。ぞっとしてすぐに駆除業者を呼びました。業者が言うには、シロアリはアリではなくゴキブリの仲間。これを聞いてさらに鳥肌がたちました。虫好きの福岡さんならこんなときでもにこにこ顔でしょうか、と。

ああ、シロアリが蠢動《しゅんどう》する季節ですね。翅をもった雌雄の個体が一斉にコロニーから巣立つ。群飛の後、地上に舞い降りると惜しげもなく翅を捨てる。つがいとなって移動し、新しい巣を作り始める。

なんせシロアリたちはこの地球上に1億5千万年以上前から存在する先住民。かくも長い間生きのびた理由は彼らの食。他の生物が消化できない木材を栄養にできる。シロアリの消化管内には原虫という小さな生物が共生している。そして驚くべきことにその原虫にさらに小さな微生物がとりついている。シロアリがかみ砕いた木質繊維を連係プレーで栄養分に変える。

だからシロアリはゴキブリとともに自然界における重要な分解者であり、生態系にとってなくてはならない存在なのだ。後からやってきた人間が勝手にビルや家を建てたけれど、彼らにとっては密林の一部。お困りのことゆえ、さすがににこにこはしませんが、一寸の虫にも五分のリスペクトを。

かこさんの絵の後ろ側

絵本作家かこさとしさんが亡くなった。かこさんとは一緒に子どものための科学の本を作ったり(『ちっちゃな科学』)、アトリエにお邪魔して長時間お話ししたり、親しくさせていただいた。

かこさんの絵本がすばらしいのは、子どもの好奇心の動きを的確に押さえていたところ。子どもは何かに興味を持つと、出発点から終着点まですべてをたどってみたくなる。『かわ』では文字通り、源流から河口までが正確・公平に追跡される。ページをめくっても、川の位置と幅のつながりが変わらないという念の入れようだった。

『宇宙』では、スケールの尺度が無限小から無限大まで移動する。カメラが10倍ずつ拡大・縮小する1970年代のイームズの映像作品「パワーズ・オブ・テン」に、ちょっと似ていますよねと言ったら、かこさんは胸をはってこう返した。「いや、僕の作品は、原子よりも小さいニュートリノのレベルまでいっています」

一方で、よい子であろうとする子どもの心が、たやすく環境の影響を受けてしまう危険性にも十分すぎるほどの自戒があった。僕は筋金入りの軍国少年だったんです、と彼は言った。同級生の多くが帰らぬ人となった。かこさんの細やかで優しい絵の後ろ側に、いつもどこか寂しげで、悲しみを含んだ光と風があるのは、このときの原風景が含まれているからだ。

サルトルが呼びかけたもの

今どきサルトルに親しむ学生などまずいそうもないが、最近出版された彼の日記を読んでみた（『敗走と捕虜のサルトル』）。

1905年生まれのサルトルは39年に召集され、ドイツ侵攻に備えて国境ちかくの拠点に兵士として送られた。ここは奇妙な戦線だった。軍事衝突もないまま日々を過ごすうちに、ドイツ軍は別ルートから瞬く間にパリを制圧、サルトルはあえなく捕虜となってドイツの町トリーアの収容所に送られた。死すべき運命だったのに生き延びた自らの立場を、サルトルは「原生動物と同様」なものと書いている。つまり無限に分裂だけを繰り返す微生物のごとく、消滅することはないものの個として生きることもないという意味だ。

ドイツ兵は表向き紳士的に振る舞ったが、フランス人たちは沈黙で応えた。収容所内の催しに、サルトルはキリストの降誕劇の台本を執筆、自らも東方博士役を演じた。

この劇は、表向きはクリスマス会の余興だったが、その内実は、信仰を持つ者も持たざる者も共に連帯し、死も生もない地の底から、個の再生を目指す抵抗をひそかに呼びかけるものだった。

戦後、サルトルは知識人の社会参加（アンガージュマン）を主張する。現在の日本では哲学や文学の理念が時代を先導することなど絶えて久しいが、いま一度歴史に学ぶべきではないかと感じた。

分解と合成、死の上に生あり

福岡さん、人間以外に自殺する生物っていますか？　難しい問いだが、私の知る限りでは答えはNO。アリやハチで巣を守るために命を捧《ささ》げるものがいるが、これは自殺というより殉職である。カマキリやクモで交尾の際、メスに食われてしまうオスがいるが、これもオスが我が身を献じているというよりは、メスが獰猛《どうもう》だからのようだ。

ではレミングの集団自殺は？　レミングは寒冷地に棲むネズミの一種。大繁殖すると個体数を調節するため、次々と崖から海に身投げして「自殺」すると長らく信じられてきた。しかしこの説を広めた記録映画はヤラセであったという指摘が後にされている。スタッフが買ったレミングたちをカメラの外から追い立てていたらしい。大移動の途中、不慮の事故で死ぬ個体は少なくないが、積極的に自殺しているわけではない。生物はいずれも必死に生き、そして自らの運命をただ静かに受け入れているように見える。

ただしこうは言える。私たち生命体の内部では「自殺」が今この瞬間にも大量に起こっている。細胞の自殺（アポトーシス）である。分解と合成の動的な平衡こそが生きているということであり、その回転をとめないために絶えず細胞が自発的に死に、同時に新生されている。つまり死の上に生がある。それは音のない大瀑布《ばくふ》のような流れとして生命の内部を貫いている。

5

問い続けたい「いかにして」

2018.6.7 ……… 2018.12.27

問い続けたい「いかにして」

この世界の成り立ちの問い方として、why（なぜ）疑問と、how（いかにして）疑問がある。先日（カンヌ映画祭の前）、是枝裕和《これえだひろかず》さんとお話しする機会があった。映画監督と生物学者のあいだにどんな共通の話題があるのか。私たちはこんな話をした。

why疑問文は大きい問いであり、深い問いでもある。なぜ私たちは存在するのか、なぜ地球はこんなに豊かな生命の星になったのか、なぜ家族を作るのか。科学や芸術を含む人間の表現活動は、究極的にはwhy疑問に対する答えを求める営みだ。しかしここに落とし穴がある。大きな問いに答えようとすれば、答えは必然的に大きな言葉になってしまう。大きな言葉には解像度がない。たとえば「世界はサムシング・グレイト（偉大なる何者か）が作った」のように。それは結局、何も説明しないことに限りなく近い。

だから表現者あるいは科学者がまず自戒せねばならぬことは、why疑問に安易に答える誘惑に対して禁欲すること。そして解像度の高い言葉で（あるいは表現で）丹念に小さなhow疑問を解く行為に徹すること。なぜなら、いちいちのhowに答えないことには、決してwhyに到達することはできないからである。夏の夕立。見えない花火の音。さびれた海水浴場。チープな手品。是枝映画が、一見、ストーリーとは無関係な、あらゆるhowに満ちあふれているのはそのためである。

モグラが団結？　恐るべし

みなさん、生物学者が、地中深くに潜んでいるモグラの生態をどのように研究するか、ご存じでしょうか。つぶさに観察する方法があるのです。それにはちょっとした逆転の発想が必要。モグラはほとんど光を感じない。むしろ身体感覚で自分の居場所を察知している。だからモグラのトンネルは何も土の中にある必要はない。金網を丸めて細長いチューブに成形、それを縦横に連結して〝立体あみだくじ〟のような通路をつくる。途中には小空間をしつらえてやり、端っこには落ち葉や餌をいれた倉庫を設置する。この構造体全体を天井からつるし、チューブの中にモグラを放つ。するとモグラはチューブ内を走り回ってすぐにその地理を理解し、せっせと小空間に落ち葉を運んで居心地のよい巣をつくる（今泉吉晴『空中モグラあらわる』など）。

昔、私はモグラを捕まえようとしたことがある。芝生にできたモグラ塚を掘ると、モグラトンネルに行き当たる。そのトンネルを中断するようにさらに深い穴を掘ってバケツをすっぽり埋めた。モグラがそこを通過すると落とし穴にハマる仕掛けだ。翌朝、覗《のぞ》いてみて驚いた。バケツの中はぎっしり土が入っていた。モグラの姿はない。しかしバケツには爪痕が多数ついていた。落ちたモグラが仲間を呼び、みんなが一致団結して救い出した？　そうとしか考えられない。モグラ恐るべし。

夜生まれ、朝消えるもの

昨夜、寝る前に思いついたすばらしいアイデア。一晩明けて、朝もう一度考えてみると、それはつまらない、取るに足らない思いつきに過ぎなかった。そんなことがよくある。まるでお祭りの夜店にならんでいたお面や駄菓子、あるいは光るリングがあれほど魅惑的に見えたのに、次の日になるとその輝きはすっかりくすんでいるのと似ている。

光るリングの輝きがほどなくしぼんでしまうのは、何も移ろいやすい少年の高揚感の起伏のせいだけではなく、実際に化学反応が減衰してしまうことによる。あれを考案したのは、科学者から見てもなかなかの知恵者といえる。プラスチックチューブの中にもう一層、薄いガラス製のアンプルが封入されている。アンプルの中に溶液A、アンプルとプラスチックチューブのあいだに溶液Bが入っている。チューブを曲げると、ガラスが割れ、溶液A（励起《れいき》剤）とB（色素剤）がまざり、蛍光反応が起きるという仕掛けだ。

そういえば最近は記憶力自体が減衰し、寝る前にすばらしいアイデアを思いついたことまでは覚えているのに、朝になるとそれがなんだったか思い出せないことがある。情けない。政治家の座右の銘に「朝は希望に起き、昼は勤勉に働き、夜は感謝に眠る」というのがあるそうだが健全すぎる。私の好みは「夜ごとに生まれ、朝死ぬものは？」という謎かけだ。その答えもまた希望である。

「〇〇発祥の地」をたどって

梅雨の晴れ間の夕方、仕事が早めに終わったので築地を散策した。朝日新聞東京本社から場外市場を通り過ぎ、築地本願寺の横手から裏通りを抜ける。街路樹の柳の下を通う風が心地よい。驚きとともにあらためて気づかされたことは、このあたりが「〇〇発祥の地」だらけであることだ。立教学院、明治学院、女子学院、そして私の勤務する青山学院の「記念の地」碑を見つけた。

さて、ことさら私の興味を引いたのは聖路加国際病院の前にあったこんな記念碑だった。「指紋研究発祥の地」。碑文によれば、ここは1874（明治7）年に英国から来日した医師ヘンリー・フォールズの住居跡。彼は築地病院を開いて診療に従事するかたわら、大森貝塚で出土した土器に古代人の指紋が残されていることに感銘を受け、指紋研究に着手した。

私は、フォールズが1880年、学術誌「ネイチャー」に送ったという論文を探し出して読んでみた。それは図も表もない1ページ足らずの手紙だったが、早くも指紋が犯罪捜査に応用できる可能性を指摘していた。指紋とは皮膚にある汗腺の細胞が作り出す隆起線。細胞の発生は遺伝的にプログラムされているが、どう並ぶかは胎内の環境と偶然によるところが大きい。だから一卵性双生児でも指紋は異なる。どんなことにも最初に築いた人、あるいは気づいた人がいて今がある。

〝科学者〟フェルメールの願い

秋から冬にかけて、フェルメールの一大展覧会が日本で開催される。私も今からわくわくしている。フェルメールの絵のモチーフは一貫している。静かな部屋の左手の窓から光が差し込み、室内の女性を柔らかく照らし出す。

「なぜ彼は飽きもせず同じ構図で絵を描いたのでしょう?」。こんな風に聞かれたことがある。「その答えは簡単です。フェルメールは画家というより科学者的なマインドの持ち主だった。実験を繰り返して、ながれゆく時間、移ろいゆく光の一瞬をとどめたいと思った。写真がまだない時代のフォトグラファーを目指していたんです」。質問者はなおも食い下がる。「どうしてそこまで時間をとどめたいと願ったのですか?」「時代の潮流ですね。17世紀、ガリレオは望遠鏡で、レーウェンフックは顕微鏡で世界を見極めようとした。ニュートンやライプニッツは物体の運動の瞬間を知るために微分法を生み出した。彼らの願いはみんな一緒。〝時間よ、とまれ〟です」

こうして近代科学は時間を止め、一枚一枚精密な静止画を得た。そしてパラパラ漫画のように連続して動かして自然を語った。AI的世界。しかしそれはほんとうの自然とは異なる人工的な「見立て」にすぎない。でもこれはまた別の問題。未来の科学の課題でもある。いま一度、じっくりフェルメールを見つめて考えてみたい。

かつお節を削るように

ものすごく鋭利な刃物と言えば、何を思い浮かべますか。刀、手術用のメス、カミソリの刃？いいえ、私の答えは違います。ガラス板を割って、その断面のエッジで作られたナイフです。金属を研磨して作る刃はどんなに頑張っても金属結晶格子の一単位より薄くすることは不可能だが、ガラスは非結晶性素材なので理論上は原子一粒の幅まで鋭利にできる。

聞いただけで指先を切りそうだが、私たち生物学者はこのガラスナイフを使って、顕微鏡観察用のプレパラートを作る。マイクロトームという装置にガラスナイフを固定し、その切っ先に、ろうで固めた細胞を触れるか触れない程度にすばやく通過させる。すると極《ごく》薄くそぎ切りにされた切片が、ガラスナイフの刃先にふわりと現れる。かつお節削りみたいなもの、と言えばイメージが湧くだろうか。切片はちょっとした風でもどこかに飛んでいってしまうので、息を殺しつつ細い絵筆を使ってスライドガラスの上に回収する。細胞には厚みがあるので、これくらい薄く輪切りにしないと内部構造が見えない。

マイクロトームのトームとは「切る」という意味のギリシャ語に由来し、それに否定の接頭辞〝a〟をつけた言葉アトム＝原子は、これ以上分解できない世界の最小単位のはずだった。なのに科学者はこれをさらにトームして素粒子にした。世界はどこまで切り分けられるのだろう。

一語に血眼、私の文章修行

福岡さんは文章を書くのがお上手ですが、何か秘訣《ひけつ》があるのですか。こんな風に聞かれたことがある。自分の文章が上手かどうかは実のところ自分ではよくわからない。ただ、できるだけ平明で、わかりやすい文章を書こうとはいつも心がけている。そして秘訣ではないのだが、あれはよい訓練になったなあ、と思い当たることがある。

私は自分で本を書く前にわりと長い間、翻訳をしていた時期がある。もちろん正規の訓練を受けたわけではなく、たまたま英語の面白い科学読み物があったので、知り合いの出版社に伝えたところ、じゃあ、福岡さん訳してください、となったのだ。科学者という職業柄、英語はわりと読めると思っていたので、気安く引き受けたのだがこれがとんでもない思い違いだった。英語を読んで意味がわかることと、それを自然な日本語に置き換えることのあいだにはマリアナ海溝よりも深い隔たりがあると思い知らされた。英文の読解は全体の行程のうち最初の2割くらいではないだろうか。しかも翻訳は究極の精読である。一言一句、飛ばすわけにはいかない。

かくして私はたった一語のために、ありとあらゆる引き出しをあけて、血眼《ちまなこ》になって適切な日本語を探さなくてはならず、それが習い性となった。しいていえばこれが私の文章修行だった。ちなみに翻訳は労の割に印税が安い。翻訳は立派な作品なのに。

スマホの文字、脳に緊張?

文章を読むとき、特に長い小説や込み入った論考の場合、紙に印刷された活字の方が安心して読めるし、その方が頭によく入ってくる。しかし最近は科学論文もほとんど電子化されていて、発表も、保管も、検索も格段に便利なのは確かなのだが、読むことに関してだけは紙の上で行いたい。だから私はめんどうだが電子ファイルをいちいち紙にプリントアウトしている。新聞や本も紙の方が好きだ。

これは、我ら年寄り世代の郷愁にすぎないのであろうか。必ずしもそうではない。生物の視覚は動くものに敏感だ。それは敵あるいは獲物かもしれない。反射的にすぐ行動する必要がある。身体も緊張態勢に入る。一方、じっくり観察し、分析し、思索を深めるためには、対象物が止まっている必要がある。動き続けるもの、絶え間なく変化するものをずっと見続けることはできない。

コンピューターやスマホの画面の文字は、止まっているようでいて実は絶えず動いている。電気的な処理でピクセルを高速で明滅させているから、文字や画像はいつも細かく震えているのだ。このサブリミナルな刺激が、脳に不要な緊張を強いているのではないか。だから落ち着いて読むことができない。もちろんデジタル・ネイティブの新しい世代はそんなこと気にならないのかもしれないが、生物の特性はそう簡単には変わらないはずだ。

生命、かつ消えかつ結びて

ノーベル賞学者の大隅良典先生とお話しする機会があった。オートファジー研究の先駆者。オートファジーとは細胞内の分解システムのこと。私も小なりとはいえ細胞内たんぱく質輸送を研究していたので先生とは以前から交流がある。

先生はこんな風にご自分の研究を述懐された。研究を始めた頃は、合成の研究が花盛りで、分解の研究はほとんどかえりみる人がいなかった。合成はポジティブで建設的なもの、分解はネガティブで取るに足らないものと思われていたのです。

ところが研究の進展によって、細胞は物質を合成する以上に、分解することを一生懸命していることがわかってきた。たんぱく質合成の方法は一通りなのに、分解には複数の経路が多重に用意されていた。そして生命現象は絶え間ない合成と分解のバランスの上に成り立っている。このコラムのタイトルにもそんな思いが込められている。

『方丈記』の冒頭ほどみごとに生命の動的平衡を言い表した文章を私は知らない。「ゆく河の流れは絶えずして、しかももとの水にあらず。よどみに浮かぶうたかたは、かつ消えかつ結びて久しくとどまりたるためしなし」。あらためてこれを読んでみて大発見をした。なんと鴨長明《かものちょうめい》は、消えることを結ぶことよりも先に書いているではないか！　つまり、合成に対する分解の意義の優位性をすでに言い当てていたのだ。

人文知の力、忘れていないか

「それでは芸術の果たすべき役割とはなんでしょうか?」。私が講演を終えたあとフロアから質問があがった。生物学者のくせにフェルメールの話なぞを絡めて、科学と芸術のあいだに橋を架けたいなどと話すので、ときにこのような不意打ちを食らう。

その場は適当なことを言ってお茶を濁してしまったが、今ならこんな風に答えられるかな。朝永振一郎《ともながしんいちろう》はこう書いた。「物理学の自然というのは自然をたわめた不自然な作りものだ。一度この作りものを通って、それからまた自然にもどるのが学問の本質そのものだろう」(「滞独日記」)

自然は本来、混沌《こんとん》、無秩序で、常に変化し、しかも毎回異なるものだ。それをモデル化し、数式に置き換え、再現性のある法則とするのが物理学だ(科学一般としてもよい)。しかしそれは自然を無理やりそうみなしているにすぎない。その自覚を持つのが科学者のはずだが、多くは自然を分解・分析・定式化することに夢中で、本来の自然に戻ることを忘れている。

芸術には、たわめられた自然を、もとの自然に回復する力がある。これは哲学や文学など人文知にも言えること。昨今、大学(あるいは社会)に実学や応用が求められすぎて、科学による分断・分節化を回復し、そこからこぼれ落ちたものを統合する知が等閑《とうかん》に付されている。これは文化の衰退でしかない。

須賀敦子とヴェネツィア

夏の終わりになると、かつてこの季節にヴェネツィアを旅したことを思い出す。作家・須賀敦子の足跡をたどってみたくなったのだった。

運河べりに、インクラビリ（不治の病人）という不思議な地名を見つけた彼女はその由来を調べ、中世のヴェネツィアで猖獗《しょうけつ》を極めた梅毒に罹患《りかん》した娼婦《しょうふ》を収容した病院がこの地にあったことを知る。対岸にはレデントーレ教会がそびえ立っていた。娼婦たちはそれを眺めて祈ったことだろう（「ザッテレの河岸で」）。

似たような話が日本にもあるのです、と最近、知人が手紙をくれた。そこには室《むろ》の泊《とまり》の遊女の物語が記されていた。法然《ほうねん》は配流《はいる》の途上、播磨《はりま》の国の港町・室の泊で、とある遊女に、業深き我が身の来世はどうなるのかと問われた。哀れに思った法然はこう答えた。「もはら念仏すべし。弥陀如来はさやうなる罪人のためにこそ、弘誓《ぐぜい》をもたてたまへる事にて侍れ」

須賀は随筆の最後を「彼女たちの神になぐさめられて、私は立っていた」と、自分に引き寄せた形で終えている。ひょっとすると法然の話を知っていたのかもしれない。信仰についてまとまったものを書く前に須賀はこの世を去った。誰もがインクラビリを心のどこかに抱えている。秋の予感を含んださざ波が、ザッテレの河岸の石段を繰り返し洗っていた。その音を今も耳が覚えている。

人間が描く〝絵空事〟

時間について考えている。機械が刻む時間と、人間が感じる時間とは明らかに違う。

ルーブル美術館に、19世紀の画家ジェリコーが描いた有名な競馬の絵がある。馬は両脚を前後に精いっぱい伸ばして躍動感にあふれている。ところがあとになって写真技術が発達し、コマ撮りで馬を撮影すると、実際の馬の脚は常にどれかが曲がっており、決してジェリコーの絵のような跳躍姿勢はないことがわかった。だからジェリコーの絵は文字通り〝絵空事〟になった。しかしロダンはジェリコーを擁護してこう言った。写真の方が嘘《うそ》なのだ。ジェリコーはいくつかの瞬間にわたって現れる姿勢を同時に描き得た。ゆえに彼の馬はまさに走っているように見える。

これは坂本龍一が教えてくれた話で、哲学者・九鬼周造《くきしゅうぞう》の本に出てくる逸話だという。なぜ音楽家は昔の哲学書を紐解《ひもと》くのか。なぜ生物学者は時間論が気になるのか。しかもなぜ、2人の関心は重なるのか。

それはAI的思考全盛時代の今こそ、人間にできて、機械には決してできないことをきちんと見極めておく必要があると思うからだ。機械は延長を欠いた一点としての現在しか捉えられないが、人間の知性は違う。現在を点ではなく、未来と過去を同時に含んだ空間として考えることができる。その厚みの中に、希望や悔恨や選択が、つまり心の動きが生まれる。

書庫の迷路めぐる楽しみ

使ったものは元の場所に戻しましょう。この常識が通じない場所がある。使ったものは戻さずここに置いてください。えっ、そんなものぐさにとって天国のようなところはどこか。それは図書館の書庫である。あらゆる本が、日本十進分類法という規則に従ってナンバリングされ整理整頓されている。本を手にとった人が勝手な場所に戻すと、その本は行方不明になる。ゆえに司書さんがちゃんと管理してくれているのだ。

この十進分類、便利だが問題なきにしもあらず。私の著作のように、科学と芸術のあいだに橋を架けようと思って書いた本は、どの棚に置かれるのか？　理想としてはどちらの側から読者がやってきても出会えるよう両方の棚に置いていただければ。でも一つの本には一つの番号しかふれない。

実は時代はもっと進んでいる。私の勤務する青山学院大学・相模原キャンパスの図書館書庫は全自動式。指定すると本が入ったユニットケースがベルトコンベヤーで運び出されてくる。どのケースにどの本が入るかは貸し借りごとに変わるがコンピューターがすべて記憶しているのだ。効率的といえば効率的。管理の手間も大幅に軽減される。でももう書庫の迷路をめぐり見知らぬ背表紙の呼び声に耳を傾ける楽しみはない。読まなくても本の存在を知るだけで〝読書〟になるのに。本に親しむ秋が来た。

過剰さは効率を凌駕する

〝想定外〟の事態に対して、いかに備えておくべきなのだろう。生命現象に学んでみよう。生後、私たちはどんな外敵にさらされるか全く想定できない。病原細菌、新奇なウイルス、化学物質……それに対して免疫システムは、ＤＮＡのランダムな組み換えと積極的な変化によって、百万通り以上の抗体を準備する。この中のどれかがいざというとき役立てばよい。大半の抗体は使われないまま終わる。

過剰に準備して、環境に刈り取らせる。実は、脳のしくみもこの原則に従う。ヒトの脳は生まれた後、神経細胞同士がさかんに連合して積極的にシナプス結合を形成する。つまり過剰なネットワークを作って待ち構える。何を？　環境からの入力を。その後、よく使われたシナプスは残り、使われなかったシナプスは消える。10歳ごろまでに脳のシナプスの数は生まれた直後に比べ半減してしまう。かくしてどんな風土に生まれても適応し、いかなる言語でもしゃべれるようになる。

無作為に大過剰を作り出すことは一見、無駄に思える。コストもかかる。しかし生命はあえてそうしている。無作為は作為にまさる。過剰さは効率を凌駕《りょうが》する。長い目でみれば。これが想定外に対する最良の対策であったことは、過去38億年間にわたり、いかに環境が激変しようとも、一度たりとも途切れることなく生命が続いてきた事実が証明していることなのだ。

虫食い算、□□を埋めてみて

昔、天声人語を読めば受験勉強になる、と言われた時代があった。文章力向上をうたって、天声人語を書き写すノートも売られている。本紙の看板コラムサマと張り合うつもりなぞ大それた気持ちはみじんもないが、いまや私も小なりとは言え、入試問題頻出著者。今年も北大や法政大などで拙文が出題された。思うに、文章力・国語力のエッセンスとは、文脈のリズムに沿って、適切な言葉を選び取るセンスではないだろうか。つまり言葉を探し、言葉を削ること。短歌や俳句を作ることに似ているかもしれない。

少し前、本コラムで、「生命、かつ消えかつ結びて」と題して、『方丈記』のかの有名な冒頭の一文を取り上げ、これが生命の動的平衡をもののみごとに言い当てていることに触れた。鴨長明は、消えることを結ぶことに先んじて述べているではないか、と。さてここで問題です。私は次のように書いた。「細胞は物質を□□する以上に、□□することを一生懸命している」。空欄に適切な言葉をそれぞれ当てはめてみてください。

算数に、虫食い算という穴埋め問題があるが、これは言葉の虫食い算。このほど、本コラムの文章の中から毎回、決めぜりふを選んで、このような言葉クイズを出題するツイッターを開設してみました（https://x.com/asahi_douteki）。挑戦してみてください。右記問題の答えも出ています。

水面を描かなかったわけ

国内最大級のフェルメール展がやってくる。37点（主催者側資料では35点。いくつかの作品をフェルメールの真筆に帰属させるかどうかで議論がある）しか現存しないフェルメール絵画のうち、なんと9作品が上野の森にやってくるのだ。

このうち注目したいのはなんといっても傑作「牛乳を注ぐ女」である。ここには芸術家のマジックがある。壺《つぼ》からしたたりおちる牛乳のしずくは、まさに今流れ落ちるものとして描かれている。ある研究によれば、この角度で牛乳が注がれるためには、壺の内部に牛乳の白い水面が見えていないとおかしい、という。言われてみればそうかもしれない。しかし、私にはこれがフェルメールの単なる筆の誤りとは思えない。彼はあえて水面を描かなかったのではないか。

17世紀、科学の萌芽期に生き、自身も実験的なマインドをもっていたフェルメールはさまざまなことを試したはずだ。そして、牛乳を注ぐため傾けようとする前の、もしくは注ぎ終わった後の壺の内部を描くことで、こぼれ出る牛乳の流れを自発的に絵の中に生み出そうとしたのだ。つまり、延長された過去と未来を包含した現在の瞬間が同時にここに表現されている。だから動的な美が立ち上がる。フェルメール愛が熱すぎるゆえの夢想かもしれないが、私にはそんな風に思えるのだ。

生命見続けたヒーローだから

本庶佑《ほんじょたすく》がついにノーベル医学生理学賞を受賞した。ついに、というのは、私が京都で分子生物学を勉強しだした1980年代はじめ、彼はすでにこの分野のヒーローだったから。ただ、京大出身の絶対ヒーローがもうひとりいた。利根川進《とねがわすすむ》である。遺伝子の数はどんなに多く見積もってもせいぜい数万しかないのに、免疫細胞は百万通り以上のバリエーションを持つ抗体を作れる。この大問題に対して、利根川進は遺伝子の再構成、本庶佑はクラススイッチという解答を提案した（解答は対立するものではなく相互補完的なものだった）。

81年度の朝日賞は両者とも受賞者としたが、87年、日本人初のノーベル医学生理学賞は利根川進にだけ授与された。2人の胸中や如何《いか》に。本庶が未来を期したことは間違いない。彼は次の水脈を探り当て、その流れは怒濤《どとう》の大河となった。

受賞決定直後の会見で印象的だったのはデザインという言葉だった。

「ＡＩやロケットはデザインがあり、目標に向かってプロジェクトが組めるが、生命科学はデザインを組むこと自体が難しい。応用だけをやると大きな問題が生じると思う」

免疫チェックポイントは、細胞のブレーキと説明されがちだが、ほんとうはそんな単純な機械論的なものではない。長年にわたって生命を見続けたナチュラリストだからこその言葉だと感じた。

植物にアミノ酸をまくと……

サトウキビから砂糖を抽出したあとの糖蜜は、発酵の資材となり調味料が作られる。その残り液はさらに肥料として利用される。たいへん興味深いことに、この肥料を散布されたイネやイチゴなどの作物は、いもち病やうどんこ病にかかりにくくなる。なぜだろうか。残り液に含まれるアミノ酸の作用らしい。

植物は、病原菌にとりつかれても、虫に食われても、ハサミで切られても、その場から逃げることができない。動物のような感覚神経も、リンパ球のような免疫細胞もない。しかし植物たちは、けなげな、いや、驚くほど巧みな感知と防御のシステムを持っているのだ。

たんぱく質が分解されるとアミノ酸になる。だから不意にアミノ酸が降りかかってくると、植物は外敵襲来の警戒信号としてうけとる。このシグナルは葉や茎に張り巡らされた通路を駆け巡り、直ちに防衛反応を引き起こす。菌を溶かす酵素を分泌したり、虫が嫌がる化合物を放出したり、細胞壁を厚くしたりする。

アミノ酸の散布は、農薬の使用よりも優れた点がある。それは耐性菌の出現を招きにくいこと。農薬が攻撃すればそれを凌駕するような生物が現れてしまう。

これはちょうど、なるべく抗生物質を使用せず、むしろ身体に備わった免疫力や自然治癒力を高めることの方が理にかなった健康法であることと同じである。

名画をパシャリ、さて

「顔真卿《がんしんけい》自書《じしょ》建中《けんちゅう》　告身帖《こくしんちょう》」事件をご存じだろうか。大仰な名称なのでいったいどんなことが起きたのかといぶかる。でも、これは知的財産法を学ぶ学生にとっては、ある意味必須の有名判例なのだそうな。

日本国内ではいまだに厳しいが、海外の美術館に行くと（フラッシュをたかない限り）写真はOKというところが多い。そこでフェルメールの名画をパシャリと撮影したとしよう。これを持ち帰ってパソコンに画像データを入力、そのデータを（たとえば）Tシャツにプリント、オリジナルフェルメールTシャツを量産して、販売したとする。すると、その美術館が「あなたは当館所蔵の美術品の権利を侵している」と訴えてきた。さて、どうする？

動じることはない。わたしはたぶんこの裁判に勝つことができる。なぜなら確たる最高裁判例があるからだ。それが冒頭の事件。顔真卿は唐代の書家。現物を所蔵する財団法人の許可を受けずに、ある出版社が作品の写真をのせた美術書を出版した。財団法人は出版社を訴えた。判決の要旨は以下のとおり。所有者の権利（使用収益権）は、美術品の印刷物にまでは及ばない。

印刷物に及ぶとすれば著作権だが、保護期間終了後は、作品はパブリック・ドメイン（公有）となり、その権利も消失する。アイ・ラブ・フェルメール！

自然界の不思議、交差する所

日本の科学史の中に特異な光を放つ博物学者・南方熊楠《みなかたくまぐす》は、1929年6月、昭和天皇が和歌山・田辺に行幸した際、ご進講をつとめた。生物学者でもあった昭和天皇は熊楠の粘菌研究に関心を抱いていたが、熊楠が天皇に最初に説明したのは粘菌ではなく、現地で「ウガ」と呼ばれる生き物の標本だった。ウガの正体はセグロウミヘビだったが、それは単なるウミヘビではなかった。尾の先端にコスジエボシという流線形のフジツボの一種が複数付着しており、まるで爪が生えているかのように見える珍品だった。

なぜ熊楠はこのようなものを天皇に見せたいと思ったのだろうか。それはここに彼の言う「萃《すい》点《てん》」が集約されていたからではないか。萃点とは、様々なものが集まる場所のことで、自然界の不思議もそこに交差する。当時、金貨や銀貨には天皇の威光を象徴する文様として、彫金家・加納夏雄による天駆ける竜がしっかと玉を抱いた図が彫り込まれていた。

熊楠はこの竜図が、ちゃんとこの世界でウガという生き物に具現化していることを示したかったのだ。「ウガ」の標本は今も南方熊楠記念館の展示室の一隅に保管されている。標本は古びてすっかり色あせてしまったが、萃点を見つけることは、人間だけが持つ心の発火作用であり、それは私たちの思考を鼓舞し続ける。

翡翠の礼儀正しさ

ハサミを手渡す時は、指穴を相手側に、刃先を手元側に持ち直すこと。誰に教えられることなく、いや正確には、親や教師から言われて、私たちはこんなマナーを身につける。

この前の休日の午後、野川《のがわ》が多摩川に合流する兵庫島《ひょうごじま》のほとりを散歩していたら、水際を一直線に渡る、光る緑の軌跡を見た。翡翠《かわせみ》である。この美しい漢字はヒスイとも読める。翼は全体に美しい緑色で、背中のコバルトブルーは鮮やか。まさに飛翔《ひしょう》する宝石だ。

求愛の時期になると、オスはメスにプレゼントをわたす。何度も水に飛び込んではようやく捕らえた魚を、まず枝や地面にたたきつけて動きをとめる。それから魚をくわえなおし、頭側をメス、尻尾を自分側に向けて差し出す。ヒレやトゲがメスの喉《のど》に引っかからないようこまやかな配慮をしているのだ。

思えば、土手のある小さな河川が東京からほとんど消えてしまった。緑道という名の、ヒスイが生息できない暗渠《あんきょ》に変えられてしまったのだ。土手は愛が成立し、巣を作る場所だった。高度成長期と比べれば生息数が回復したとされるが、いまでも希少な野鳥だ。野川は源流（国分寺市にある日立の研究所内にある湧水《ゆうすい》）から河口まで、水の流れがおおよそ見える貴重な川だ。それにしても、翡翠のオスはこんな礼儀正しいマナーを、いったいいつ身につけるのだろう。

進化論、その成功と限界

何年か前の11月、とある地方の博物館に講演に出向いたら主催者が「今日はたいへんよい記念日に来ていただけました」と私を参加者に紹介した。創立何年とか、そういうことかな、と戸惑っていると彼は言った。「今日は進化論が刊行された日です」。そうだ。その日、11月24日、チャールズ・ダーウィンがロンドンで『種の起源』を出版したのだった。１８５９年。日本でいえば江戸時代終盤、安政６年のことである。

物理学には理論物理と実験物理があり、前者が粒子の存在や構造の予測を立て、後者がそれを観測や実験によって確かめるという役割分担がある。生物学はその大半が観察や実験に費やされ、理論と呼べるものはほとんどない。それはいまだに生命現象をつらぬく基本原理がわかっていないからだ。

進化論は生物学における数少ない理論である。創造主の力を借りずに、生物の多様性を説明することに成功した。趣旨はシンプル。生物は絶えず少しずつ変化する。変化自体に方向や目的はない。でも環境が長い時間をかけてその変化を選び取っていく。それが進化だと。１６０年が経過しようとする今、生物学者はみなこの理論を学問の中心において研究を進めている。とはいえ進化論も万能ではない。なぜ、いちばん最初に生命が出現したのかは、進化論も答えることができない。

三島由紀夫が並ぶ本棚の記憶

中学生の頃のことだったと思う。友だちの家に遊びに行き、彼の本棚を見てショックを受けた。『金閣寺』『仮面の告白』……三島由紀夫がずらりと並んでいた。赤い背が目に焼きついているので、あれは新潮文庫版だったと思う。当時の私はといえば、星新一に夢中になっている程度。

普段はそんなそぶりを一切見せない友人の、大人びた世界を垣間見た気がした。そのあと密《ひそ》かに私も『午後の曳航《えいこう》』を読んでみた。壁に空いた小さな穴から、美しい母の寝室の秘密を覗き見る物語。おくての中学生にはまだ予感でしかなかったが、身体の中心に甘く鈍い不思議な気持ちを感じた。

ところで、米国を除いたまま、TPP（環太平洋経済連携協定）がこの12月に正式に発効する運びとなった。貿易や経済の諸問題について一介の生物学者が口を挟めることはほとんどないが、ひとつだけ残念に思うことがある。著作権の保護期間が欧米の基準にならって著者の没後50年から70年に引き延ばされたのだ。

オリンピック翌年の2021年になれば、すべての三島由紀夫作品が青空文庫で自由自在に読めると思っていたのに。三島が自死したのは1970年11月25日。私が友人宅を訪問したのはその後、数年以内だったはずだ。著作を通読していた彼はどう思ったことだろう。できることなら語り合ってみたかった。

紅葉、人の思いはよそに

この季節、大学の構内で落ち葉を拾うことにしている。黄色のイチョウを1枚、真紅のモミジを1枚、緑と褐色が混ざったサクラを数枚。それを研究室の机の窓辺にならべる。すると殺風景な部屋にちょっとだけ明かりが灯《とも》る。秋が深まるとどうして樹々《きぎ》は葉を落とすのか。

11月に突然の大雪が降った年があった。翌日、たくさんの街路樹が倒れ、大きな枝が歩道に散らばっていたという。葉に雪が降りつもり、木に過剰な負荷がかかったのだろう。葉を散らすのは広葉樹にとって降雪への備えという意味でも合理的な選択といえそうだ。

とはいえ、あんなに青々と茂っていた葉がなぜかくも美しい赤や黄に変わるのか、その理由は生物学者にもわからない。例えば黄になるのは、気温が低くなってくると、葉緑素が分解され、これまで隠れていた黄色の色素が顕在化するからだ、というしくみを説明するのがせいぜいだ。

黄はカロテノイド、赤はアントシアン、褐色はタンニンと呼ばれる化合物による。これらの色素はわりと長持ちする。机の上にあった去年の秋に拾った落ち葉もまだその色を保っていた。でも葉はすっかり乾燥して軽く握っただけでもろく崩れかける。それを両手に抱いたまま中庭に出て土に戻した。断片は細かくまわりながら散っていった。紅葉を美しいと感じるのは人の心の作用なのだと悟った。

絵画、封じ込められた時間

ムンクの叫びが虚空にこだまするかと思えば、ルーベンスの馬が群舞し、フェルメールの牛乳は注がれ続ける。いま、日本では魅力的な展覧会が目白押しだ。それにしても私たちはどうして本来静止しているはずの絵画の中にかくもヴィヴィッドな動きを感じることができるのだろう。そこに単なる一瞬の点ではない、いくらかの厚みを持った時間が封じ込められているからではないだろうか。

フェルメールの絵の不思議については10月の本コラム（186ページ）でも書いたが、そこで触れた〝壺の傾き〟を精密に解析したのは中京大学教授（論文執筆当時は北海道大学助教授）・山田憲政氏の興味深い研究である（「西洋美術研究」所収の「フェルメールが約350年前に捉えた女性の身振り」）。壺の傾きは重力だけでミルクが絶えず流れ出るには不十分だが、フェルメールは自覚的に「壺の傾きとミルクの量を工夫」することで、「ミルクを注ぐ女性の微妙な腕の動き」を表現した、と結論づけている。この工夫によって静止画の中に運動が実現された。

また山田氏と、共同研究者の阿部匡樹《まさき》氏は、同じテーマの別論文で、一切の生命の根源は運動である、というレオナルド・ダ・ヴィンチの名言を引いている。

動的な生命現象を絵画表現の中に描き出すこと。古来、画家が挑んできたこの難題を、改めて美術館に出かけて鑑賞してみよう。

コップ1杯、海に注いだら

「いま仮に、コップ一杯の水の分子にすべて目印をつけることができたとします。次にこのコップの中の水を海に注ぎ、海を十分にかきまわして、この目印のついた分子が七つの海にくまなく一様にゆきわたるようにしたとします」。さてどこかの海辺で再度コップ一杯の水を汲《く》むと、中に目印をつけた分子はいくつ入っているでしょう?

これは物理学者エルヴィン・シュレーディンガーの著書『生命とは何か』の冒頭にある記述。量子力学の確立に多大な貢献をなした彼は後年、ダブリンに移り、生命現象が物理学の理論でどこまで解けるか思考を巡らせた。

答えは「約一〇〇個」。コップの大きさや海水の量の推計により多少変動するものの、驚くべき数である。私たち生命体がいかに大量の、かつ細かい粒子から構成されていて、それが絶えず揺らぎながら循環しているかを示そうとしたのだ。これは空間だけでなく時間でも広がる。

日本でも、こんな話を読んだことがある。紫式部のお小水もめぐりめぐって、我らの飲み水になっているやも云々《うんぬん》……。誰の言葉だったのか、資料が見つからず自信がない。その人がシュレーディンガーを知っていたかはともかく、我々は生きながらにして、環境を行きつ戻りつ、絶えず生まれ変わっている。

シュレーディンガーの真骨頂

前回触れた本、ノーベル賞学者エルヴィン・シュレーディンガーが物理学の視点から生物について考えた『生命とは何か』は極めて洞察に富んだ著作だった。彼は、まず遺伝子の特性について(執筆当時、まだ遺伝子の正体も構造もほとんどわかっていなかった)、それが大量の遺伝情報を運び、かつ細胞から細胞にコピーして受け渡されるためには、複雑な順列組み合わせ構造を持ち、かつ、結晶のように自己増殖できるものではないか、と考えた。

これを若い時期に読んだ野心的な科学者たち——ワトソンとクリック——が後に、DNAの二重らせん構造をつきとめた(DNAは結晶にもなり、二重らせんは情報の複製のために準備された構造だった)。20世紀最大の生物学的発見の背景にはシュレーディンガーの予言があったのだ。

しかし『生命とは何か』の真骨頂は、その後半部分にあった。生命を生命たらしめているのは、それが絶えずエントロピー増大の法則にあらがう、という特性があってこそだ。エントロピーとは乱雑さのこと。秩序あるものは無秩序になる方向にしか進まない。これがエントロピー増大の法則。なのに生命は、エントロピーの低い状態を常に維持し続けている。ただ、さすがのシュレーディンガーも、では生命が、いったいどのようにしてそれを実現しているかまでは説明できなかった。続きは、また次回に。

宇宙の大原則にあらがう大掃除

ピラミッドのような壮麗な大建築も年月とともに風化し、砂粒に戻っていく。整理整頓したはずの机もたちまち散らかり、淹《い》れたてのコーヒーもすぐにぬるくなる。熱烈な恋愛もまたたく間に冷める。

これは万物が宇宙の大原則・エントロピー増大の法則にしたがっているからである。秩序は無秩序に、形あるものは形なきものに、つまり乱雑さ（エントロピー）が増大する方向にしか動かない。それにもかかわらず生命だけはこの法則にあらがっている。細胞内はいつも整理整頓され、冷めることなく、常に形を維持している。生命のこの特性を指摘した物理学者シュレーディンガーも、それがいかにして実現されているかまでは答えられなかった。

難問は過去に尋ねるのがよい。この指摘に先立つ10年ほど前、生化学者シェーンハイマーは生命が絶えず自らを分解しながら作り直していることを明らかにした。ここにヒントがある。あえて先回りして壊すことによってエントロピーを捨て続ける。その流れの中に自らを置くことで生命は生命たりえているのだった。

さて皆さん、年末の大掃除も同じこと。見えないところにモノをしまうだけでは何も解決しない。使わないものは捨て、使うものでさえ常に更新し続けないことにはエントロピー増大にあらがうことはできないのだ。

6

やがては流れ流れて

2019.1.10 ……… 2020.3.19

夕暮れ雲、よみがえる記憶

旅の帰り道。空港からのリムジンバスに揺られて首都高速三号渋谷線を西に向かって走っていた。時刻はちょうど夕暮れ時。バスの高い座席から見渡す東京の町並みも、今日は静かな穏やかさの中にあるように感じられた。

西の空の低い部分は紫色の雲が帯のように左右にずっと広がっていた。それを私は遠くに連なる山脈に見立ててみた。東京が一瞬にして、信州のどこかの街に変わった。すっと気温が下がった。そして同時に、懐かしいような、それでいてどこかしら切ない気持ちに包まれた。視界の四方を高い山々に囲まれた街。私はかつて束《つか》の間の交流を持った人と、そんな場所を旅したことがあった。ふいに現れた思い出の断片。

記憶は脳の奥に仕舞われていた古いビデオテープではなく、たった今、瞬間的に作り直されるものである。それは再びすぐに淡雪のごとく消えてゆきはするが、ありありとした感触の粒だちは長い年月の風化を飛び越えてよみがえり、ひととき心に火を灯《とも》す。

気がつくと、ほんのわずかな時間しか経っていないはずなのに、日没はもう終わりかけていた。たなびく雲の端が夕闇の空に溶け始め、まるで北斎の版画のようなきれいな群青色のグラデーションを作り出していた。私はそれを年始めの瑞雲《ずいうん》だと思うことにした。

外骨の無常感、私もまた

少し前の回でこんなことを書いた。紫式部のお小水もめぐりめぐって、我らの飲み水になっているやも云々《うんぬん》。この世界を構成する原子の総量はおおよそ一定であり、ただ生命と環境とのあいだで、時間と空間を超えてぐるぐる手渡し続けられていることの例として挙げた一文だったが、どこかで読んだ記憶があるものの、おぼろげだったので出典が明記できなかった。それが判明した。かの宮武外骨《みやたけがいこつ》だった。

原文はこうだ。「地球の水量は古今同一、只《ただ》日夜転換し居るのみ、故に一椀《わん》の白湯中には曽《かつ》て弓削道鏡《ゆげのどうきょう》の淫水となり紫式部の小便となりし事ある微分子も含有し居るならん」（「滑稽新聞」第百二十二号、明治39〈1906〉年9月5日）。実に名調子である。彼は批判精神あふれる人物だった。明治憲法を茶化して不敬罪で約3年石川島に収監。その間、外骨はこんな突飛《とっぴ》な着想を獄中で次々と思いついては筆記していた。その後も不謹慎をものともせず、風刺や毒舌、猥雑《わいざつ》なパロディーで一世を風靡《ふうび》し、何度も言論弾圧を受けた。それでも全くめげることがなかった。ジャーナリストの鑑《かがみ》である。

彼が今生きていたら何を語るだろう。でも私が好きなのは外骨の底に流れる飄々《ひょうひょう》とした諦観《ていかん》である。思想もまた時空を超えて手渡し続けられる。私の動的平衡も、外骨が抱いた無常感をもう一度言い直しているにすぎない。

ノーベル賞の陰のヒーロー

亥《い》年。今年、私は年男でかつ還暦である。なんと月日の経つのは早いことか。科学者の旬はそのひらめきが冴《さ》える若い頃にしかない。そんな言葉を聞く度に、発見と呼べるようなことをほとんどなし得なかった我が身を振り返って情けない気持ちになる。でも何事にも救いはある。

生命科学の新時代の幕を切って落としたのは、1953年のワトソンとクリックによるDNAの二重らせん構造の解明である。どの生物学のテキストにも載っている大発見。当時、ワトソンは20歳代、クリックは30歳代だった。でも山っ気のある彼らが、DNAの構造を突き止めさえすればノーベル賞間違いなしと考えて研究に取りかかったのは、彼らに先立つこと10年ほど前に、DNAこそが遺伝子の本体であるということを丹念な実験によって明らかにしていた人物がいたからだ。オズワルド・エイブリーである。大量の遺伝情報を運ぶのは複雑な構造を持ったんぱく質だと皆が考えていた。そこにパラダイムシフトをもたらした。エイブリーが証明したのは60歳代後半だった。彼にはついぞノーベル賞の知らせは届かなかった。

彼の孤高は、どんなことでも始めるのに遅すぎることはないこと（never too late）を教えてくれると同時に、それが単なる慰めでしかないことも痛感させてくれる。謳《うた》われることなきヒーローとはそういうものである。

沖縄の縄文人、焼き肉に舌鼓?

亥年で思い出したこと。それは沖縄県立埋蔵文化財センターで見せてもらったイノシシの骨のことだ。嘉手納《かでな》基地がある区域の海岸近くで、かつて大規模な貝塚が発掘された。土器の様式から約6500年前、縄文期のものだと推定された。同時にたくさんのイノシシの骨が見つかった。骨は黒く焦げていた。火で炙《あぶ》られた証拠である。

さらに興味深いことがわかった。骨に残存する微量のコラーゲンたんぱく質を構成する元素を分析すると、イノシシが何を食べていたかを推定できる。北大の南川雅男名誉教授らは、イノシシの中に、野生の木やドングリだけでなく、ヒエ・アワなど雑穀や海産物を食べていたと考えうる個体がいたことを突き止めた。

ヒトが餌として与えていた可能性がある。縄文時代、日本ではまだ本格的な農耕は広まっていなかったが、中国ではすでに大きく展開しており、彼らは残飯などを与えてイノシシを囲い、家畜化した。家畜化されたイノシシとは、すなわち豚である。

当時、すでに沖縄にこのような豚が移入されていたのだろうか。沖縄名物ソーキ(骨付き豚肉)ソバを食べながら、焼き肉に舌鼓を打っていた縄文人に思いをはせてみた。海は人々を隔てるのではなく、繋《つな》いでいた。沖縄にはすぐれて先進的で豊かな暮らしがあったのだ。

控えめな裏側、秘めた輝き

スーツはポール・スミスを愛用している。外見はいたってオーソドックス。内側にちょっとだけ遊び心があって花柄の裏生地だったり内ポケットに格子縞《こうしじま》のラインが入っていたりする。でも人前で上着を脱ぐことはまずないので、本人以外、誰も気づきはしない。

ふと蝶のことを思い出した。図鑑に載っている蝶はどれもきれいな翅《はね》を左右対称に広げている。しかしその裏側はごくごく地味なことが多い。褐色や灰色の枯れ葉模様みたいな感じ。でも考えてみると、この裏・表というのは人間の勝手な見立てであり、実際、自然界に生息している蝶は、吸蜜のときも、葉陰で休むときも、翅をすっと縦にたたんでその控えめな裏側をこちらに見せている。つまり蝶の主たる表情は、私たちが裏側だと思っている方なのだ。飛翔《ひしょう》の合間、あるいはそっと翅を開いた一瞬だけ、秘めた内側の輝きをのぞかせてくれる。

先日、雑誌を見ていたら赤ちゃんの頭に青い蝶がとまっている広告があった。モルフォ蝶だろうか。でもその翅は裏も表も一面鮮やかなブルーなのだ。モルフォ蝶をモチーフにしたとすれば、いくらデザインとはいえここまで自然を作り変えた演出をしてよいものだろうか。この子が大きくなって本物のモルフォ蝶の表情（裏側）を知ったら驚くはずだ。そこにはアマゾンの密林に相応《ふさわ》しい呪術的な暗がりが宿っている。

塩、今や「悪者」だけど

上品なフランス料理をいただいた。テーブルに出された料理の中でいちばんおいしかったもの。それはパンに添えられたバターのかけらだった。私は味音痴なのだろうか。そうではなくバターにはたっぷり塩が含まれていたからだ。塩をおいしく感じるのは生命がそれを必要としている証拠。細胞や内外の浸透圧バランスを取るため、塩は必須の成分である。

生命にとって不可欠なものを支配・独占したいという野望は古来、権力が目指すところでもある。かくして塩は世界中で専売制になった。「サラリー」は、兵士が塩を買うために与えられた報酬に由来する。フランス革命もガンジーの抵抗も塩に対する課税や専売制への反対から始まった。

やがて塩は開放され、ごく安価なものとなった。逆に今、塩は悪者である。おいしいものはついつい食べすぎる。でも過剰な塩分は血液を濃くする。薄めようと細胞から水が血液に移る。すると血液の総量が増え、心臓の負担が増し、血圧が上昇する。これが様々な疾患の原因となる。国民健康の重要課題だが、減塩食はとても味気ない。もしおいしさを保ったまま減塩できる画期的な工夫や商品が生み出されたら、減税措置が与えられるようになるかもしれない。いや、すでに食品メーカーは競ってこれを研究しているはずだ。

時代の鼓動、語り継げたか

少年の頃の一時期、千葉県松戸市に暮らした。開発が進む一方で、常磐《じょうばん》線沿線ののどかな田園が残る街だった。先日、たまたま近くまで来たので駅に降りてみた。すっかり様変わりしていたが駅前の本屋さんは健在だった。本に巻いてくれる書店カバーのデザインまで昔と全く同じだった。

ほどなく父の仕事の関係で松戸を離れることになり、中学校の先生が寄せ書きにこんな一文をくれた。「花田清輝の『復興期の精神』を読むようになったら、また会おうね」。少年が知るはずもない本だった。書店で探したが見つからなかった。その後、この書名は私の胸の底に残ったが、長いあいだ読む機会を逸したまま時が過ぎた。先生はどんな気持ちでこの言葉を贈ってくれたのだろう。

ずっと後になって読んだその本は、ルネサンスを語りながら、戦中から戦後に起きた時代の大転換を、楕円《だえん》に二つの焦点があるように、少し覚めた目で語って見せていた。同じ問題を先生もまた自分の生き方に重ねて受け取ったのか。

今の私は、当時の先生の年齢を遥《はる》かに超えてしまったはずだが、若い人に、自分が過ごした時代の鼓動を伝える、これだけはぜひ読むべきという本を、何か1冊でも語り継げただろうか。思えば私は、戦後民主主義の息吹を、後進の人たちに伝える義務を怠った世代かもしれない。先生との再会も結局果たすことができていない。

「オフターゲット」責任は誰が

厚生労働省は、ゲノム編集技術で作られる食品は「遺伝子組み換え」に当たらないとして、法律に基づく安全性審査を不要として取り扱う方針だ。遺伝子を切断した結果、DNAの塩基配列が1～数個変化しただけなら自然界でも起こる現象と同じだということらしい。驚くべきロジックである。

自然界で起きていることは、DNAの任意の場所に、ランダムな変化が偶発的に起きることである。ゲノム編集でなされることは、DNAの特定の場所に、意図的な変化を人為的に導入することである。これを同等とみなすことは全くできない。後者は生命システムへの積極的な介入＝組み換えに他ならない。しかも、ゲノム編集技術は潜在的な危険性を内包している。「オフターゲット」だ。意図とは異なる編集が、不可避的にゲノムの別の場所で起こってしまうことを指す。

それは原稿データを検索し単語を一つだけ書き換えたら、似たような言い回しの、全く別の文脈の単語までもが変換され、違う意味になってしまうことに似る。高等生物のゲノムは数十億文字からなる一大物語である。

科学者は技術的に可能ならば挑戦しようとする。それは、ゲノム編集をヒト受精卵に応用しようとする性急な動きからも明らかだ。もし想定外のこと（オフターゲット）が起きた場合、誰が責任をとれるのか。

小さな蝶こそ春を知る

春の予感は、決まって小さな蝶がもたらしてくれる。明るい日差しの朝、通勤途上のまだ枯れたままの草むらに、くるくるくると花びらのかけらのようなものが舞うのを目の端が捉える。風が一瞬、きらめいただけかと思えば、それは今年初めて見る蝶だった。シジミチョウだろうか。そういえば「初蝶」も「風光る」も俳句の春の季語になっている。

はつ蝶のちいさくも物にまぎれざる　白雄

蝶が冬ごもりをする形態は種類によって違う。アゲハチョウは蛹《さなぎ》で、モンキチョウは幼虫で越冬する。私が見た蝶は翅が傷んでいたから成虫のままどこか葉陰でじっと寒さに耐えていたのかもしれない。前年の秋に視点を戻せば、蝶たちは、あるとき冬の到来をすばやく予知する。そこでいったん成長や変態をとめ、代謝を下げ、じっと来るべき時を待てるということだ。卵のまま越冬する種もいる。そしてまた季節が巡れば、まだ名前だけの風の冷たさとはいえ、春の到来をいち早く察知し、次の世代に命を手渡す準備を始める。生命は差異にこそ敏感なのだ。変化を生きるための情報と捉える。なのに生き物としてのヒトは均一な同一性を求める。昨日と同じ今日、今日と同じ明日。同じ室温、同じシステムに安住したい。そしてふとカレンダーを見て、今日ですでに3月も7日すぎたと気づいてたじろぐ。

「パイの日」に考える数学

今日、3月14日は日本ではホワイトデーだが、米国ではパイの日。アップルパイなどが店頭にならぶ。その心は、3・14が円周率、すなわちπだからである。古来、学者たちがこの不思議な数の謎に挑んだ。ところが、いわゆる〝ゆとり教育〟の頃「円周率は3」でよいとの風聞が流れた（正確には学習指導要領に「目的に応じて3を用いて処理できるよう配慮する」と記された）。

同じ頃、東大入試に「円周率が3・05より大きいことを証明せよ」が出題された。このシンプルな良問は文科省方針に対するアンチテーゼかと評判になった。πは3・14だから、3・05より大きいに決まっているじゃないか、と思ったあなた。それでは証明になりません。直径1の円に内接する正六角形を考えるとその周囲は3。円周はそれより膨らんでいるからπは3より大きい。そこで、正八角形や正十二角形の外周を計算してみればよい。正多角形の外周は三角関数を使うと求まる。実際、アルキメデスはこの方法で円周率を考えた。

昨今、学校で三角関数なんて勉強する意味があるのか、という議論があるそうだが、もちろん意味がある。人類が世界を捉えるために編み出した思考法を学ぶこと。つまり数学を学ぶことは文化史を学ぶことでもある。それが不要というのは、悪《あ》しき近視眼的発想であり、歴史修正主義のひとつに他ならない。

生命の選択、考える日

今日は春分の日。同時に3月21日は世界ダウン症の日でもある。ダウン症候群の人の多数が21番染色体を3本持つことによる。21番染色体は、22対ある常染色体のうち最も小さい。といってもその上には数百の遺伝子が乗っている。遺伝子の欠損が異常をもたらすことは理解しやすいが、遺伝子量が通常の1・5倍であることがなぜダウン症に特徴的な形質を生み出すのか、いまだによくわかっていない。

母体負担を伴う羊水穿刺《せんし》のような方法ではなく、母体の血液中に放出された微量の胎児DNA断片を解析することにより、簡便、迅速、高精度に胎児の染色体や遺伝子を調べる新型出生前診断が普及しつつある。かたや、もし異常ありと判定された場合、どのように考え、いかに対応すべきかについて、両親の生命観が問われることになる。しかし、カウンセリング体制を含め、準備が十分であるとはいえない。米国では、胎児の生命保護派（pro-life）と中絶の選択権支持派（pro-choice）に分かれ、どちらが尊重されるべきか大きな議論となっている。

戦後間もなく制定された「祝日法」第二条によれば、春分の日は「自然をたたえ、生物をいつくしむ」日とされる。生まれ得て、生き延びる力がある生命にはひとしく生きる意味があるはずだ。ならば今日あらためて、生まれくる生命を「選ばないことを選ぶ」あり方を考えたいと思う。

自らの「はかり」つかう難しさ

イチローの引退会見を聞いてあらためてプロフェッショナルとは何かを考えさせられた。プロとは高度なパフォーマンスを常に一定の水準で発揮できる人を指すわけだが、ときとしてそのバランスが急に崩れることがある。正しい工程を正しい手順で行っているはずなのに結果がでない。そこからいかに回復するかを精密に解析できるのもプロの条件だろう。それは科学の現場でも同じだ。

博士研究員だった頃、それまで順調に進んでいた遺伝子組み換え実験が突然うまくいかなくなったことがあった。何がいけないのか？　各ステップを事細かに検討したが一向に原因がわからない。

数週間かかってようやく問題点がわかった。全く同じことを繰り返しているつもりだったのに、一カ所だけ、同じ形状ながら違うメーカーの試験管を使ったことがよくなかったのだ。熱の伝わり方に差があり、同じ時間、温めても反応の進行がわずかに不十分だった。理屈の上では同一条件に見えたことが盲点だった。プロに至れない未熟さを痛感した。

会見でいちばん印象に残ったのは、イチローのこの言葉だ。「あくまでもはかりは自分の中にある」。それは常に自らを謙虚にし、やがて限界を見極めることに使われた。プロの規準がここにある。自分の限界を自覚している科学者がどれだけいるだろうか。

蝶に思う、いまも昔も

万葉集がにわかに注目を集めている。はて、世上には文学部不要論まであったのではなかったか。あらゆる階層の人々が森羅万象を歌にした万葉集数千首の中にホタルやコオロギ、トンボが出てくる歌はあれど、私の愛する可憐《かれん》な「蝶」を扱った歌は一首もないという。不思議なことである。ただ、今回の元号制定の典拠となった梅花の歌の序の中に「庭舞新蝶」と記されていることから、蝶が目に留まっていたことは確かだ。

しかし、蝶は単なる季節の風物詩ではなく、もっと特別の存在だったのではないか。そんな説を動物行動学者の故・日高敏隆さんから聞いたことがある。蝶の幼虫は常世《とこよ》の虫と呼ばれ、この世とあの世をつなぐものとして大切にされた。そして蝶の劇的な変身ぶりから、死者の化身と考えられたのかもしれない。そう思って万葉集を読むと、歌の詠者は死者の気配を至るところに感じている。それは通り過ぎた蝶のことだったのかもしれない。

京都の郊外にある日高邸を訪問したときのこと。夫人が遺品のノートや庭に植えた木々を見せてくれた。そのときどこからともなくアゲハチョウが飛来して私たちの前を横切っていった。「あら、彼が挨拶に来てくれたのかしら」。そう夫人は言った。ＡＩ時代に生きる私たちもまた上代の人々と変わらず、ふと自然の中に託す思いがある。

師匠の北里は何思う

野口英世の後を北里柴三郎が継ぐことになるという。新千円札の件である。誰が決めたかは知らないが、天国にいる北里がこの話を聞いたらいささかプライドを害された気分になることだろう。北里は野口よりも20歳以上年長の先輩格。事実、2人は師弟関係にあたる。

北里は研究業績でも自分の方が上だと自負していたはずだ。北里によるジフテリアの血清療法やペスト菌の発見は今もなお称賛に値するが、狂犬病や黄熱病の病原体を発見したと主張した野口の研究は、時の試練に耐えることができなかった。これらの疾患は今ではウイルス病だと判明しており、野口が使っていた光学顕微鏡の倍率ではいかんせんウイルスを見ることはかなわなかった。科学の世界の評価は冷徹である。にもかかわらず、世上では野口英世の人気が高い。貧しい生まれとハンディキャップを乗り越えて、海外で身を立て、故郷で待つ老母のために錦を飾ったという偉人伝ストーリー。何を成したかではなく、どう生きたかの方が日本人の心の琴線に触れるということか。

ちなみに2人に共通するのはその艶福家《えんぷくか》ぶり。野口は婚約し持参金を稼いだあげく、渡航前に芸者遊びで散財したと伝える評伝もある。北里には複数の愛人と婚外子がいたという。公私ともに精力旺盛な人物がお札のモデルならそれはそれで適任なのかもしれない。

いっそ奇抜な大聖堂は？

パリ・ノートルダム大聖堂の火災は世界に衝撃を与えた。ノートル・ダムとは我らの貴婦人、つまり聖母マリアのこと。マクロン大統領は5年以内の再建を宣言した。昔と同じ優雅な姿を再び取り戻すことができるだろうか。建築の記憶とその再生について欧州人はわりと柔軟な発想をする。建築家の知人がそんな風に言って、東西ドイツ統一後に再建された国会議事堂の事例を教えてくれた。

ベルリンの議事堂はかつて威容を誇っていたが、戦災後、長らく廃虚となっていた。改築された議事堂は、古典様式の基部に未来的なガラスのドームを頂く。一見、不釣り合いに見えるノーマン・フォスターの設計プランにはちょっとしたエスプリが仕込まれていた。ドームの内部の空中回廊は人々の遊歩道となり、足元のガラスからは階下に議場を眺められる。つまり、市民が上からいつも国会を見下ろせるようになっている。民主主義を具現化しているというわけだ。

ノートルダム大聖堂はパリの真ん中にあるのではなく、パリが大聖堂を中心に発展した。もし大聖堂の屋上に、ガラス張りのカフェテリアを載せれば、パリ市街をぐるりと見渡す世界一の観光名所になるのは間違いない。エッフェル塔やポンピドゥー・センターを造ったフランスのこと。こんな未来もあながち奇想天外とはいえまい。

1250部から始まった進化

20年ほど前、私が初めて出した本は、小さな版元から刊行した翻訳書で、売血から始まり、精子や卵子、臓器など人体の商品化の歴史を批判的に考察し未来を憂えたものだった。難しい内容ですからねえ、と版元が決めた初版は3000部。そのまま増刷されることなく終わった。実売数は知らない。

160年前、緑色の分厚い書籍がロンドンで出版された。それまで長い間、神さまが一挙に創造したと信じられてきたこの世界の生物種の豊かさの成り立ちを、神さまの力を使わずに説明したものだった。ダーウィンの〝進化論〟である。ただし、生物は進んで変化を求めたのではなく、方向のないランダムな揺らぎの中から、環境がそれに適した性質を選びだした結果として多様性が生まれたのだとした。正式なタイトルは『種の起源』。初版はわずか1250部。しかし本書は生物学にとどまらず私たちの世界観に革命をもたらした。

さて、絶版になっていた私の翻訳書は、その後、心ある出版社の目にとまり改訂版が刊行された。ついで新書化され、小なりとはいえ今でも読みつがれている。本が予言していた遺伝子改変によるデザイナー・ベビーズは現実のものとなりつつある。ひとたび活字化された言葉は、文字通り、活《い》きた生命体として人々の精神から精神へと旅をしながら進化を続ける思想の媒体となる。

微分で解くウイルスの謎

微《かす》かに分かる？　いや、分かった積《つも》り？　ホタルの同調発光現象を解き明かした有名な数学者ストロガッツの新著“Infinite Powers”を読んでみた。明晰《めいせき》かつ歯切れのよい文章で微分積分の真価を大いにわからせてくれる好著だった。エイズの治療に道を開いたのもこの数学だった。

ウイルスに感染すると初期に発熱などするものの、その後、患者は長い安定期に入る。特に症状もでない。ウイルスがいったん〝冬眠〟しているかのようだ。そこで患者の身体の中を〝微分〟してみた研究者がいたことを本書は紹介している。増殖を一過的に止める薬を投与して、ウイルスの生成と消失の速度——まさにエイズの動的平衡——を計算したのだ。ウイルスは冬眠などしていなかった。毎日、100億個が現れ、100億個が免疫細胞によって消されていた。みかけ上の安定期は実は激戦期だった。日々、ものすごい数の増殖とそれに伴った変異が生じていたのだ。これで薬に対して耐性型のウイルスがすぐに出現するという謎が解けた。

対抗するためには？　異なるタイプの抗ウイルス剤を同時投与すればよい。変異はランダムなので、さすがに複数の薬に対して同時に耐性はできない。エイズの「カクテル療法」だった。微分積分なんて勉強して何の意味があるのかと思っている学生諸君。数学はあらゆる局面で世界の新しい扉を開いてくれている。

タピオカと「吸血」

タピオカミルクティーが大人気らしい。ごろごろした大粒のタピオカを太めのストローで吸い上げる食感がうけているという。ふと、それって生物が進化の過程で獲得した「吸血」感覚に似ているのでは、と思った。

蚊の吸血は驚くほど精妙だ。体温やCO_2を感知してふわりと獲物の皮膚に着地する。ついで口吻《こうふん》の先についた刃ですばやくヒトの皮膚を切開する。そして極細の吸血管を突き刺す。病院の注射針の20分の1ほどの直径しかないので痛くない。先端で敏感に血液の流れを感知できるらしく、どんな熟練の看護師よりも正確に血管を探り当てる。気づく間もない早業。

蚊の吸血管の内径は、ヒトの赤血球の直径よりもひとまわり大きい程度。つまりストローとタピオカの関係と同じ。ずるずるずる。蚊はちょうどあんな食感で吸血しているに違いない。ただし蚊は息で吸い上げているわけではなく、吸血管から胃袋へ続く部分がひょうたん状になっており、その収縮でポンピングする。

途中で血が詰まらないよう、蚊は凝血阻止物質を含んだ唾液を送り込み、吸血する。これが痒《かゆ》みの原因となる。だから蚊を叩き潰すのはよくない。圧力で蚊の唾液が皮膚内に押し出されてしまう。できれば爪先でそっと弾《はじ》き飛ばすのがよい。そんな憐憫《れんびん》の余裕はないって？　もうすぐあの羽音とともに夏が来る。

常に自分を疑えるか

実験科学の世界では、仮説にぴたりと合致するような結果が得られることはまずないといってよい。その際、ほとんどの研究者はこう考える。自分の仮説は間違っていない。ただ、実験の方法がよくないから、よいデータが出ないのだと。そこで条件を少しずつ変えて、繰り返し実験を行うことになる。しかし、ほとんどの場合、実験がうまくいかないのは、実は、仮説そのものが間違っているからなのだ。

だが、研究者は頑迷なので自説に固執してしまう。かくして膨大な時間と試行錯誤が浪費される。なので、科学研究にほんとうに必要な才能は、天才性やひらめきというよりは、むしろ、自己懐疑、（失望に対する）耐性、潔い諦め、といったものとなる。

逆に、実験科学の世界では、時として、思い描いたとおりの、いや、想像以上にすばらしい、見事な実験データが得られることがある。こんな時、研究者に求められることは何か。ぬか喜びしてはならぬ、ということである。実験の方法に穴があるから、見せかけだけの結果が出ているのかもしれない。つまりここでも自己懐疑、（希望に対する）耐性、諦め、が必要となる。

英語にはこんな言い方がある。too good to be true（できすぎは、真実ではない）。もう少しだけ研究者に冷静さがあればあの「発見」はなかった。そんな誤謬《ごびゅう》はいくつでもある。

森毅先生との日々

昨日、7月24日は森毅《もりつよし》先生の命日だった（2010年没）。森先生は京都大学・教養部（当時）の名物数学教師だった。入学すると私はさっそく彼の数学の講義を受講した。

先生はジーンズによれよれのシャツ姿で、のっそり教室にやってきて、今では考えられないことだが、よっこいしょと教卓に座るとまずタバコを一服ふかした。灰はそのまま床に。「さて、今日はなんの話しよかな、君ら、なんかおもろいことあった？」そんな感じで講義とも雑談ともつかない会話が始まる。出席してもしなくても単位がもらえることがわかると受講者はどんどん減っていった。

ある日、遅刻しそうになり、階段を急いで下りて教室に向かうと、下から森先生が上がってきた。「誰もおらんから、今日はやめにしよかとおもったんやけど、君が来たなら、まあ、一応やろか」。先生は芸能から哲学までなんでも知っていた。数学についても、数学史や教育論を語った。入試も各教科の得点を、二乗してから足せばよい、と言っていた（そうすれば平均的な学校秀才ではなく、一芸に秀でた人を合格にできる）。

大学とは教科を学ぶ場所ではなく、むしろ大学という自由空間に棲息《せいそく》する、奇妙な生き物が発する不思議な振動に感応する磁場だと悟った。文科省の管理が進み、大学の自由度ががんじがらめになる前の、牧歌的な日々の思い出である。

揺らぎ始めた「常識」

「獲得形質は遺伝しない」。これは現代生物学の基本的原則である。しかしこれが、だった、と過去形に書き換えられつつある。獲得形質とは、親の世代が経験や学習によって得た記憶や行動のこと。いくら戦争の恐怖を体験しても、あるいはピアノが上達しても、子どもは、その体験や上達を、生まれつき持って誕生することはない。それは当然のことで、体験や上達の成果がどんなものであれ、次世代を作る生殖細胞には伝達しようがないからである。

しかし、この〝常識〟が揺らいできている。たとえば、著名な学術誌「セル」に最近、こんな論文が掲載された。C・エレガンス（線虫の一種）という小さな生物は細菌を餌にしている。しかし細菌のうち、緑膿菌《りょくのうきん》は危険な餌。匂いに惹《ひ》かれて食べると感染が起こり、死に至る。緑膿菌の摂取によって病気になった線虫は、死ぬ間際に卵を産み落とす。この卵から生まれた線虫は、緑膿菌を危険とみなして回避した。まだ緑膿菌と一度も接触した経験がないにもかかわらず、である。

経験の伝達にはある種のRNA（リボ核酸）が関与しているらしい。親世代の獲得形質が、微小な情報粒子に乗って、生殖細胞に伝達されている。親世代の「獲得形質は遺伝する」のだ。まだわからないことは多いが、大きなパラダイムシフトが起きる予感に満ちている。

産み分けの夢、実現？

男女の産み分け。これは人類史におけるひとつの夢想のようなもの。民間伝承レベルから高額の機器を使うものまでいろいろな方法が試行された。そもそも、一度に射出される精子は数億匹。そのうち半数がX染色体を持つX精子（女を作る）、のこり半数がY染色体を持つY精子（男を作る）。一大レースの結果、最初に卵子に到達した精子で雌雄が決まる。それはもう偶然そのもの。

X染色体とY染色体を比べるとX染色体の方が大きいが、この差は精子全体で比べると、かき消されてしまうので、精子を分別するのは非常に困難である。ところがこのほど画期的でかつ簡便な手法が広島大学の研究によって発表された。X精子にだけX染色体由来の特殊な受容体が存在していることが判明したのだ。受容体に結合する薬剤を与えるとX精子の動きが鈍り沈殿し、上澄みのY精子と分けることができる。その後、薬剤を洗い流せばX精子も元気に復活する。

この方法を使って研究チームは牛や豚の産み分けが可能であることを示した。これは畜産分野では大変な朗報である。たとえば乳業は雌が生まれないと成り立たない。もちろんヒトへの応用はハードルが高いが、少なくとも可能性だけは示された。ちなみに受容体はウイルスを感知するもの。なぜX精子にだけあるのかは謎のままだ。

晩年が最盛期だった北斎

ダ・ヴィンチの「モナリザ」やフェルメールの「真珠の耳飾りの少女」を知らない人はまずいないはず。では、日本の絵で世界中の人が知っている作品は？　葛飾《かつしか》北斎の「神奈川沖浪裏《なみうら》」、あの砕け散る波濤《はとう》の図ではないか。彼はこんな風に記している。「己六才より物の形状を写の癖ありて半百の比《ころ》より数々《しばしば》画図を顕《あらわ》すといへども七十年前画く所は実に取に足ものなし」。幼い頃から絵を描くのが好きだったが、50歳（半百）はおろか、70歳になる前の作品に大したものはない、と。事実、「神奈川沖浪裏」を含む北斎の代表作、冨嶽三十六景は、70歳を過ぎての刊行だという。

もちろん、私たちは誰一人、我が身を北斎に比べるべくもない。けれども人生百年が叫ばれる令和時代の今こそ、北斎的な生き方がひとつのロールモデルになるかもしれない。北斎は少年時代の原点を忘れなかった。研鑽《けんさん》を積みつつも決して自分の技倆《ぎりょう》に満足することがなかった。いつも灼《や》けるような焦燥感を抱いていた。そして壮年期を過ぎてから自らの最盛期を創出した。最晩年にはこんな風に言って息を引き取ったという。「天我をして五年の命を保たしめば、真正の画工となるを得べし」

我々はこれからこそ何かをなすべきなのであり、どんなことでも始めるのに遅すぎることはない。北斎は、never too late と叫んでいるのだ。

生徒たちが見た9・11

雲ひとつない高い空が澄みわたった9月の朝。スタイヴェサント高校の生徒たちもごく普通の一日が始まるところだった。同校はニューヨーク市の公立高校のトップ校。秀才たちが難関試験を勝ち抜いて入学してくる。校舎はマンハッタンの南端の川沿いにある。

ちょうど一時限目の終わる頃。ほんの数ブロックしか離れていない世界貿易センタービル北棟が煙を上げて燃え出した。皆が窓際に駆け寄った。その目の前で今度は南棟から火の手が上がった。誰もがこれは単なる事故でないことを悟った。高層階から何かが次々と落ちていくのが見えた。それは人だった。突然、校内の照明が明滅しだした。ビルが崩壊し、地響きとともに土煙が高校をめがけて押し寄せてきた……。

これは、最近公開されたドキュメンタリー映画「イン・ザ・シャドー・オブ・ザ・タワーズ」の一シーンである。現場にほど近い試写会場で、私は息を詰めながら当時の生徒たちの証言の数々に耳をそばだてた。あの日を境に彼らの人生は大きく屈折した。イスラム系の生徒は、愛国に急傾斜する世論を前にたじろいだ。しかし彼らもまた米国市民として星条旗を掲げた。あれから18年。高校生たちは30代になりそれぞれの人生を懸命に生きている。今の米国をどう感じているのか。映画は、完成直前、若くしてガンで亡くなった韓国系の女性卒業生の名に献じられていた。

少年のノート、私の言葉

ちょっとした集いのため銀座に出かけたので鳩居堂《きゅうきょどう》に立ち寄って、季節のはがきを買った。秋の草、赤い虫かご、夕暮れの空。昔からずっと変わっていないこれらの図案が好きだ。京都に住んでいた頃も寺町通のお店によく行った。しんとした空気。入るとかすかにお香の匂いがした。

銀座で会ったのはテレビの関係者。新聞や本を読んで興味をもったことや気づいたことをスクラップしたり、絵つきで書き留めたりする「自学ノート」を何冊も書いている少年を追った番組を作ったディレクター。

少年は自分が周囲から少し浮いていること、変わり者と思われていることをちゃんとわかっている。でも彼は書くことに自分の居場所を見つけた。そして世界との関係を構築している。つまり彼は彼なりのまったき人生を日々生きている。

その番組の中で、私の著作『ルリボシカミキリの青』の一節が引用されていた。「大切なのは、何かひとつ好きなことがあること、そしてその好きなことがずっと好きであり続けられることの旅程が、驚くほど豊かで、君を一瞬たりともあきさせることがないということ。そしてそれは静かに君を励ましつづける。最後の最後まで励ましつづける。」

私のささやかな言葉が、遠く離れた誰かの心を、思わぬかたちで支えていたことを知って胸が熱くなった。

風がつくるバラ色のハム

イタリアの高級生ハム、パルマ・プロシュートの産地ランギラーノを訪問した。丘陵を縫って流れる広いパルマ川に沿って小規模のハム工場がたくさんある。建物はどれも横長の3階か4階建て。最上階には細いスリットのような窓が規則正しく並んでいる。晴れた日の朝、気温がまだそれほど上がらないうちに、窓が開けられる。その窓を心地よい川風が通り抜けていく。風が、部屋の内部につるされた洋ナシ型のハムを乾燥させるのだ。

工程はすべて手作業。地域で育てられた豚のモモ肉が工場に届くと、2人一組の作業員によって海塩がくまなくまぶされる。低温で数週間寝かされたあと、温度が違う部屋に移され、長い熟成段階に入る。表面には米粉と油をまぜたものがすり込まれる。川風があてられるのは最終工程。塩と油でコーティングされた肉は、腐敗することなくその内部でたんぱく質の自己消化が進み、アミノ酸のうまみと甘みが開いていく。同時に、赤身の部分で鉄イオンと亜鉛イオンの交換が生じ、肉は鮮やかなバラ色に変わる。この手法は、ローマ時代から連綿と続いているという。

冷えた白ワインと香ばしいハムの味を楽しみながら、食文化がいかに深く風土に根ざしているかを実感させられた。そう、風土という言葉には風が含まれている。

「宇宙人」タコでないはず

私が受け持つ大学のクラスで、中国から来た留学生がこんな話題を提供してくれた。今年のノーベル物理学賞と『三体』について。物理学賞で注目されたのは系外惑星。太陽系の外にも、地球と同じような惑星が存在する可能性がある。ならばそこには高度な文明を発達させた宇宙人がいるかもしれない。『三体』は劉慈欣《リウツーシン》作のSF小説。地球に最も近い恒星系に住む異星人——三体人——は過酷な環境に暮らしていた。彼らは地球からの電波を受信し、侵攻の準備を進める。中国のみならず世界的に大人気となっている。

学生の話を引き取って、後半は私が話した。確かに地球と同じような環境——大気、水、温度など——を持つ系外惑星はありうる。しかし環境が整えばそこに必然的に生命が出現すると考えるのは単純すぎる。有機物が集合してもそれは生命ではない。生命を生命たらしめるにはもうひとつ大ジャンプがいる。分解しながら合成する〝動的平衡〟が立ち上がらねばならない。

動的平衡を生命と定義するなら、それは何も地球型——核酸やアミノ酸を使った仕組み——である必要はない。そうでない〝生命体〟なら宇宙のどこかにいるかもしれない。ただし、それはおそらく、宇宙人としてよくイメージされるイカやタコのような姿ではなく、私たちには見ることも触れることもできない形で浮遊しているだろう。

世界の移ろいに気づく

電車の先頭車両に乗ると、小さい男の子が、背伸びをしながら運転席の後ろの窓に貼り付いて、一心に前を見ていた。そこはいいよね。まるで運転士になった気分になれるからね。

私が次の駅で下車すると、彼もお母さん（とおぼしき女性）とともに電車を降りた。でも、ホームに降り立ったまま、彼はその場を動こうとしない。早くしなさい、というようにお母さんが彼の手を引っ張ると、彼は言った。僕は電車が行く音を聞きたいんだ。何を言っているのよ。急ぐのよ。お母さんにせかされながら、彼は引っ張られていった。とても名残惜しそうだった。私なら、しばし一緒に過ごしたのになあ。

車輪をきしませながら、だんだんスピードを上げて、駅から走り去り、やがては遠ざかっていく電車の音には独特の変化が含まれている。それを聞いていたいという少年の心が、私にはよくわかった。

音でも、光でも、風でもよい。この世界のかすかな移ろいに気づけること。それはすべて新しい発見への扉となる。今から90年ほど前、米の天文学者エドウィン・ハッブルは、地球から遠い銀河ほど速い速度で遠ざかっていることを見つけた。それは宇宙の膨張、ひいてはビッグバン理論につながった。ハッブルの名は、地球を周回しながら星を観測する宇宙望遠鏡の名になっている。そう。君も将来、科学者になるかもしれないね。

仁淀ブルー、底に光の網

四国の仁淀《によど》川を旅した。河原の丸い石を踏みながら清流に近づいてみた。水の色は、仁淀ブルーと呼ばれ、神秘的なまでに澄みきった青。カミキリムシにせよ、フェルメールにせよ、ことのほか青色が好きな私にとっては心が洗われるような流れだった。山深い森林に覆われた仁淀川の源流に注ぎ込む水は、長い年月をかけて土壌中で濾過《ろか》されるため、透明度が高い。水が青く見える理由のひとつは、光が通り抜けるあいだに、波長の長い赤などの光が吸収され、波長の短い青が残っていくからである。

流れを見つめていると、もうひとつ素敵なことに気づいた。透明な水を通して見える川底に、光の網が映しだされ、その網が、細かく輝きながら震えているのだった。見ていて飽きることがない。こんな光の気まぐれにもちゃんと名前がついている。コースティクスという。

身近な例は、ワイングラスを傾けたときわかる。角度によってテーブルの上に落ちた光がハート形になったり、ダイヤモンド形になったりして揺らめく。これはワインの水面から反射した光がグラスの曲面に照らされて集合した図形。仁淀川の波は無数のワイングラス。それがつながって光の網を作る。絶え間なく姿を変える紋様は私に『方丈記』の冒頭を思い出させた。ゆく河の流れは絶えずして、しかももとの水にあらず。それは私たちの命の隠喩でもある。

自分自身を見つける長旅

知人からのクリスマスプレゼントに『はぐれくん、おおきなマルにであう』(シェル・シルヴァスタイン著)をもらった。もともとこの本は、倉橋由美子訳『ビッグ・オーとの出会い　続ぼくを探しに』として広く知られている絵本。村上春樹が新たに翻訳した。

「はぐれくん」とはミッシング・ピースの訳(倉橋訳では「かけら」)。ピザの一切れのような形で描かれたはぐれくんは、いつも自分は十分ではないという不全感を持っていて、自分の不足を補う何かを求めてさまよう。でもなかなか見つからない。やっとぴったりはまる相手が見つかった。でも喜んだのもつかの間、はぐれくん自身が成長するにつれ、2人は合わなくなってしまう。

思い出したのがレオ・レオニの絵本『ペツェッティーノ』(谷川俊太郎訳)。主人公は小さいオレンジ色のかけら。自分は取るに足りない「ぶぶんひん」だと思いつめ、本来、自分が属すべき大きなものを探す旅に出る。でも皆から拒絶されてしまう。ある日、彼は気づく。自分は部分ではなく、自分という全体だと。

村上春樹は『はぐれくん〜』のあとがきでこんな風に記す。「大事なのはふさわしい相手(他者)を見つけることではなく、ふさわしい自分自身を見つけることなんだ」。そう。属性や職名ではなく、自らの名で自らを呼べるようになること。それには時間がかかる。

天才の言葉を手がかりに

数学そのものは理解できなくても、数学に生涯を捧げた天才たちの人となりを通して、我々素人でも数学の美しさに近づくことができる。『数学する身体《しんたい》』で知られる独立研究者の森田真生《まさお》さんと、そんな天才のひとり、岡潔《おかきよし》（1901〜1978）について話した。

岡潔の変人ぶりと孤高を如実に示すものとして、彼が田舎道で真面目な顔をしながら、唐突にジャンプしている有名な写真がある。路傍で犬が驚いて見上げているというおまけつき。これは天才の素顔を活写したものとして、アインシュタインの舌出し写真に匹敵するのではないだろうか。

岡潔の専門は多変数複素関数論というもので、その内容を具体的に説明することは到底できないが、随筆や言動から、彼が世界をどのように捉えていたのかを垣間見ることができる。発見に到達したときの鋭い喜びを、岡潔は、樹液にとまったみごとなオオムラサキを見つけたときのそれに例えている。私もチョウが好きなのでこの感覚はわかる。ここにあるのは、自分の頭の中と、宇宙の秩序をつなぐ通路を見つけたときの陶酔のようなものではないか。

岡潔は数学を通して感得した自己変容を「内外二重の窓がともに開け放たれ」るような解放感とも記している。森田さんはこのフレーズに感激して数学の道に進んだという。ここにも「通路」がある。

言われなければ、肉

先日、米国に出かけた際のこと。ものは試しに、とファストフードのお店で、話題の〝代替肉〟を食べてみた。植物性たんぱく質で作られたパティのハンバーガーである。

ひとつ約5ドル。待つこと数分。熱い紙包みを開くと、見た目は普通のハンバーガーと同じ。こんがり褐色に焼けたパティが丸パンに挟まれている。さっそく頬張ってみると……実によくできている。味も、食感も牛肉のバーガーとほぼ一緒。脂っぽさがちょっと足りないかなという程度で、言われなければたぶんわからなかった。

これが一大トレンドになりそうな気配だ。製造企業の株価も上昇しているらしい。ベジタリアン向きというだけでない。背景に地球環境問題への意識の高まりがある。大量の水、飼料、土地を消費して家畜を肥育するよりも、植物を摂取した方が効率がよく、より多くの人口を養える。家畜のげっぷなどによる温暖化も懸念されている。たんぱく質は動物由来でも植物由来でも消化されてアミノ酸になれば栄養素としては同じである。

文化人類学者レヴィ＝ストロースの予言は、食肉の切り身をショーウィンドーに陳列している私たちのことを未来の人間が見たら（私たちが過去のカニバリズムをおぞましく感じるように）嫌悪を催すだろう、というものだった。ほんとうにそんな日が来るかもしれない。

〝新型〟の病という報復

病気の名前の前に〝新型〟が冠されたときは（喫緊の対策はもちろん重要だが）少し引いた、より広い視点も必要ではないか。思い出されるのは〝新型〟ヤコブ病の事例である。

ヤコブ病は極めて稀《まれ》な神経変性疾患で、脳がスポンジ状に侵され、心身に変調をきたし最終的には死に至る病気。そんな奇病が、狂牛病に感染した牛肉を食べることによって、ヒトに乗り移ってきた。これが〝新型〟ヤコブ病である。

その背景には人為的な食物連鎖の組み換えがあった。牛を早く肥育するため、安価な飼料として家畜の死体から作った肉骨粉を食べさせていた。そこにもともと羊の風土病だったスクレイピー病の病原体が混入していたのだ。しかし羊のスクレイピー病がヒトに感染した例はなかった。病原体が牛に移行したあと突然変異を起こし、ヒトに感染しうるタイプに変化したのだった。

経済性を優先するあまり、安易に草食動物を肉食動物に変え、それも強制的な共食いを行わせた結果、自然界では隔てられていた種の壁を越えて、病原体が姿を変えながら、羊―牛―ヒトと乗り移ってきたのだ。狂牛病が猖獗《しょうけつ》を極めた英国では、輸血を通して新型ヤコブ病のヒトからヒトへの感染までもが起きた。〝新型〟の病気のアウトブレークは、人間の愚かな浅知恵に対する自然の報復作用であるかもしれないのだ。

盛者必衰のことわり

もし時間旅行ができるとしたらどの時代に行ってみたい？　虫好きの私なら迷うことなく石炭紀と答える。恐竜が闊歩《かっぽ》していた時代よりもさらに昔、今から3億年も前のこと。史上最大の昆虫が空を自由に飛び回っていた。巨大なトンボに似た生物メガネウラだ。翅を広げると75センチ。その姿を見てみたいのだ。

当時、虫たちはみな巨大化していた。なぜか。酸素の濃度が今よりもずっと高かったからだとされる。効率よくエネルギーを生産できた。酸素を生み出したのは湿地帯に大繁茂していた植物群。梢《こずえ》は数十メートルの高さに及んだ。しかし盛者必衰《じょうしゃひっすい》のことわり。植物はCO_2を吸収しすぎて地球は寒冷化に向かい氷河期を招いた。このときの森林堆積《たいせき》物が後の石炭や石油となった。その後、また植物が繁栄した時代も繰り返しあったが、それが化石燃料にならなかったのは菌類が活躍しだしたからだ。菌類は偉大なる分解者として、植物や樹木を糖やアミノ酸に変え、環境の循環に戻してくれた。

最後にこの星にやってきた独善的な生物が、我が物顔に資源を独り占めし、地球が蓄えていたエネルギーをあらかた掘り起こして燃やしてしまった。今度はCO_2が増えすぎ、結果として起きているのが地球温暖化である。頼みの綱の森林もどんどん切り崩している。地球が健全な循環を取り戻すためには、この利己的な種に退場していただく他はない。

学校なんて行かなくても

このコラムに読者からお便りをいただいた。なんと書き手は7歳。かわいい便箋《びんせん》に鉛筆でびっしり。いきものが大好きで、とくにヘラクレスオオカブト（南米産の巨大甲虫）がお気に入り（イラストつき）。それからオルニトミムス（ダチョウに似た古代恐竜。原文ではちょっとスペルが違うのだが、これだと思う）も好きで、折り紙で作った模型も同封されていた。

そしてこんなことが書いてあった。ぼくは学校が好きではないのであまり登校できていません。でも、将来は生物学者になりたいのです。どうすればなれますか、と。ああ、すこし前にこの欄で、電車が通り過ぎる音を聞きたがった少年を見て「君も将来、科学者になるかもしれないね」と書いたのをお母さんかお父さんに読んでもらったのかな。大丈夫。学校なんて行かなくても、サイエンティストになれるよ。実際、そんな人はいっぱいいるんだ。

ただし、勉強はしなきゃならない。でも自分の好きなことだからできるはず。自学でもホームスクールでもなんでも可。まず基礎学力を身につける。科学の基本だからね。学校はいやならサボったりフケったり、適当でいい。そして準備ができたら高校卒業認定試験（昔、大検と呼ばれていたもの）を受ける。で、進みたい分野の大学学部・学科を受験する。叩《たた》けば、君の目の前に、学びの扉は開かれる。

やがては流れ流れて

祇園精舎《ぎおんしょうじゃ》の鐘の声、諸行無常の響きあり。この祇園、長い間、京都の祇園あたりのお寺のことだと思っていたのだが、実はインド奥地の僧院のことだという。

この無常（情けない、の無情ではなく、常ならず）という諦観《ていかん》はどのようにして日本人の心に宿るようになったのか。『方丈記』の冒頭「ゆく河の流れは絶えずして、しかももとの水にあらず」の流れ行く感慨にも通底する。おそらく相次ぐ争乱、疫病、災害、飢饉《ききん》などに絶えずさらされるうちにおのずと醸成されたものだろう。

ならば、現在、大騒動をもたらしている感染症も、やがては流れ流れていくはずだ。それは制圧や根絶ということでなく、ウイルスとの共存という形で。ワクチンや治療薬の開発、そしてなにより我々の側の馴《な》れによって、日常の風景のひとつになるということである。

さて、平家物語は次のように続く。沙羅双樹《さらそうじゅ》の花の色、盛者必衰のことわりをあらわす。おごれる人も久しからず……。ここに動的平衡のことわりと入れてもぴったりくる。

ということで、私のこの定期連載も今回で終わります。別におごっていたつもりはさらさらないのだが、言葉の常として、意図に反して誰かを傷つけたり、不快にしたりしたことがあったかもしれません。何事にも終わりがあり、終わることによって始まることもある。長きにわたり、ご愛読ありがとうございました。

福岡伸一　ふくおか・しんいち
1959年東京都生まれ。京都大学卒。青山学院大学教授、ロックフェラー大学客員教授。分子生物学専攻。ハーバード大学医学部フェロー、京都大学助教授などを経て現職。『生物と無生物のあいだ』（講談社現代新書）で、サントリー学芸賞、および新書大賞を受賞。著書に『福岡伸一、西田哲学を読む』『新版 動的平衡ダイアローグ』（ともに小学館新書）、『迷走生活の方法』（文藝春秋）、『生命海流 GALAPAGOS』（朝日出版社）、『ポストコロナの生命哲学』（集英社新書、共著）、『森羅万象』（扶桑社）、訳書に『ガラパゴス』（講談社）、『ドリトル先生航海記』（新潮文庫）など多数。

朝日新書
996
動的平衡《どうてきへいこう》は利他《りた》に通《つう》じる

2025年3月30日第1刷発行

著　者　福岡伸一

発行者　宇都宮健太朗
カバーデザイン　アンスガー・フォルマー　田嶋佳子
印刷所　TOPPANクロレ株式会社
発行所　朝日新聞出版
〒104-8011　東京都中央区築地5-3-2
電話　03-5541-8832（編集）
　　　03-5540-7793（販売）

Published in Japan by Asahi Shimbun Publications Inc.
ISBN 978-4-02-295308-7
定価はカバーに表示してあります。

落丁・乱丁の場合は弊社業務部（電話03-5540-7800）へご連絡ください。
送料弊社負担にてお取り替えいたします。

数字じゃ、野球はわからない
工藤公康

昭和から令和、野球はどこまで進化したのか? 「優勝請負人」工藤公康が、データと最新理論にとらわれた野球界を総点検! さらに自身の経験をもとに、いつまでも色あせない"野球の魅力"も紹介。新参からマニアまで、ファン必読の野球観戦バイブル。

老化負債
臓器の寿命はこうして決まる
伊藤 裕

生きていれば日々損傷されるDNA。加齢に伴い修復能力が落ちると、損傷は蓄積していく。これが老化だ。ただ、この「負債」は「返済」できる! 心身の老化のメカニズムから気付き方、自分でできる画期的な「若返り」法までを徹底解説する。

節約を楽しむ
あえて今、現金主義の理由
林 望

キャッシュレスなんて、まっぴらだ! お金のあれこれを人任せにしない。自分の頭でしっかり考えたい。だから、ベストセラー『節約の王道』著者は、あえて今、現金主義を貫く。キャッシュレス生活・ポイ活の怖さを指摘し、安全確実な「令和の節約術」を公開!

なぜ今、労働組合なのか
働く場所を整えるために必要なこと
藤崎麻里

2024年春闘の賃上げ率は5%台で33年ぶりの高水準となったが、広がる格差、実質賃金に追いつかない賃上げなど課題は山積。若い世代や非正規雇用など労働組合とつながらない人も多い。一方、欧米では労組回帰の動きもある。労組に今、何ができるのか。

遊行期《ゆぎょうき》
オレたちはどうボケるか
五木寛之

加齢と折り合いをつけてどう生きるか。92歳の作家が、人生を四つに分けるインドの最後の住期「遊行期」という平穏な時に身をおいて考える。「老い」や「ボケ」を受け入れながら、人生100年を生き切るための明るい「修養」、そして執筆活動の根源を明かす。